JN126850

京都　北山杉の林

ドイツ　シュバルツバルト（黒い森）

ヘルシンキ大学林学部学生の測樹実習

京都大学林学科の地域林業実習での夕食風景

原木市場での聞き取り調査（宮崎県耳川流域）

オーストリア農家民宿での聞き取り調査

北アメリカ調査のメンバー

国際森林学会のオープニングセレモニー

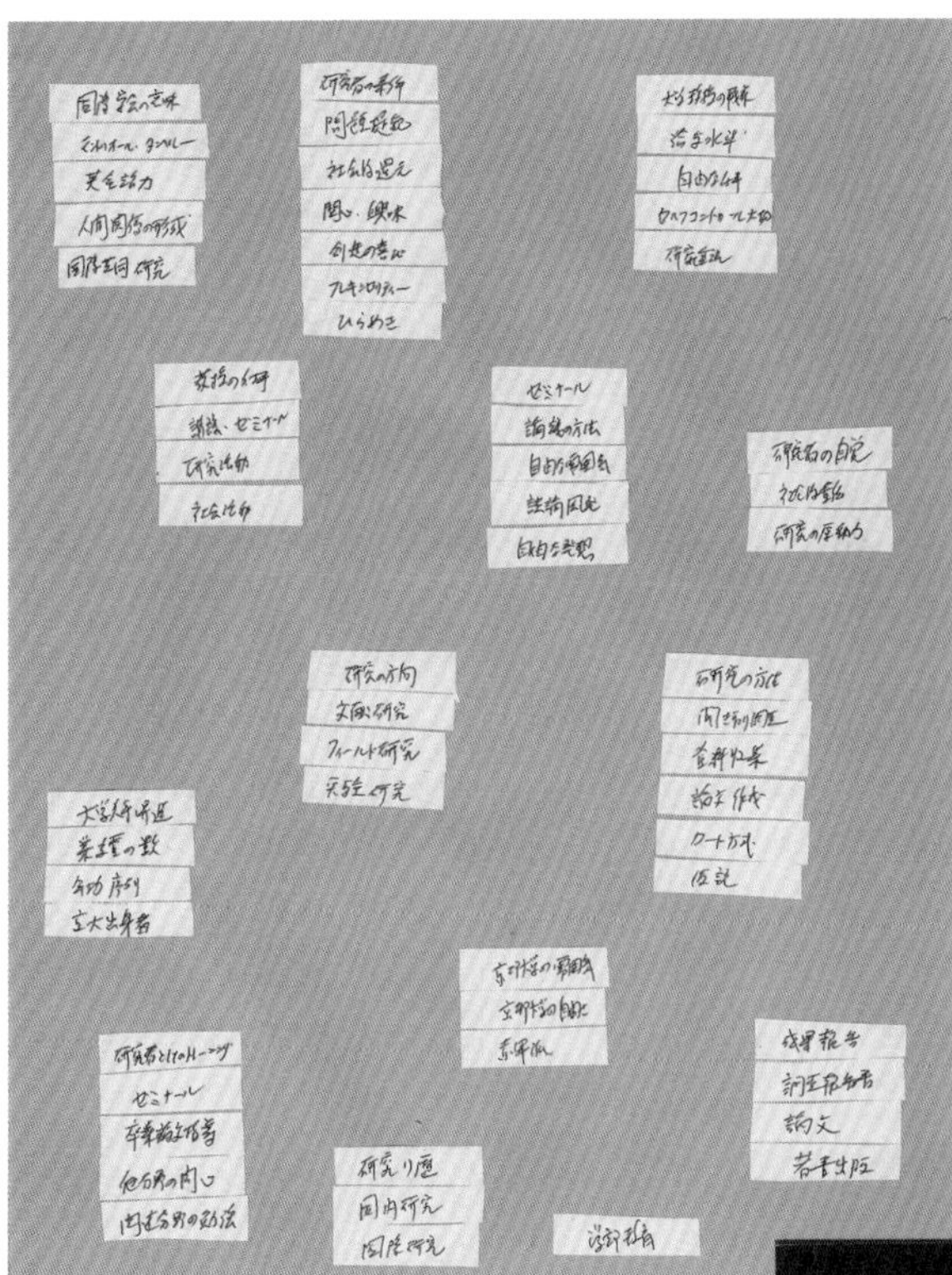

KJ 法を用いたカードのグループ化
(本文 60 ページ参照)

海外向け書籍の出版

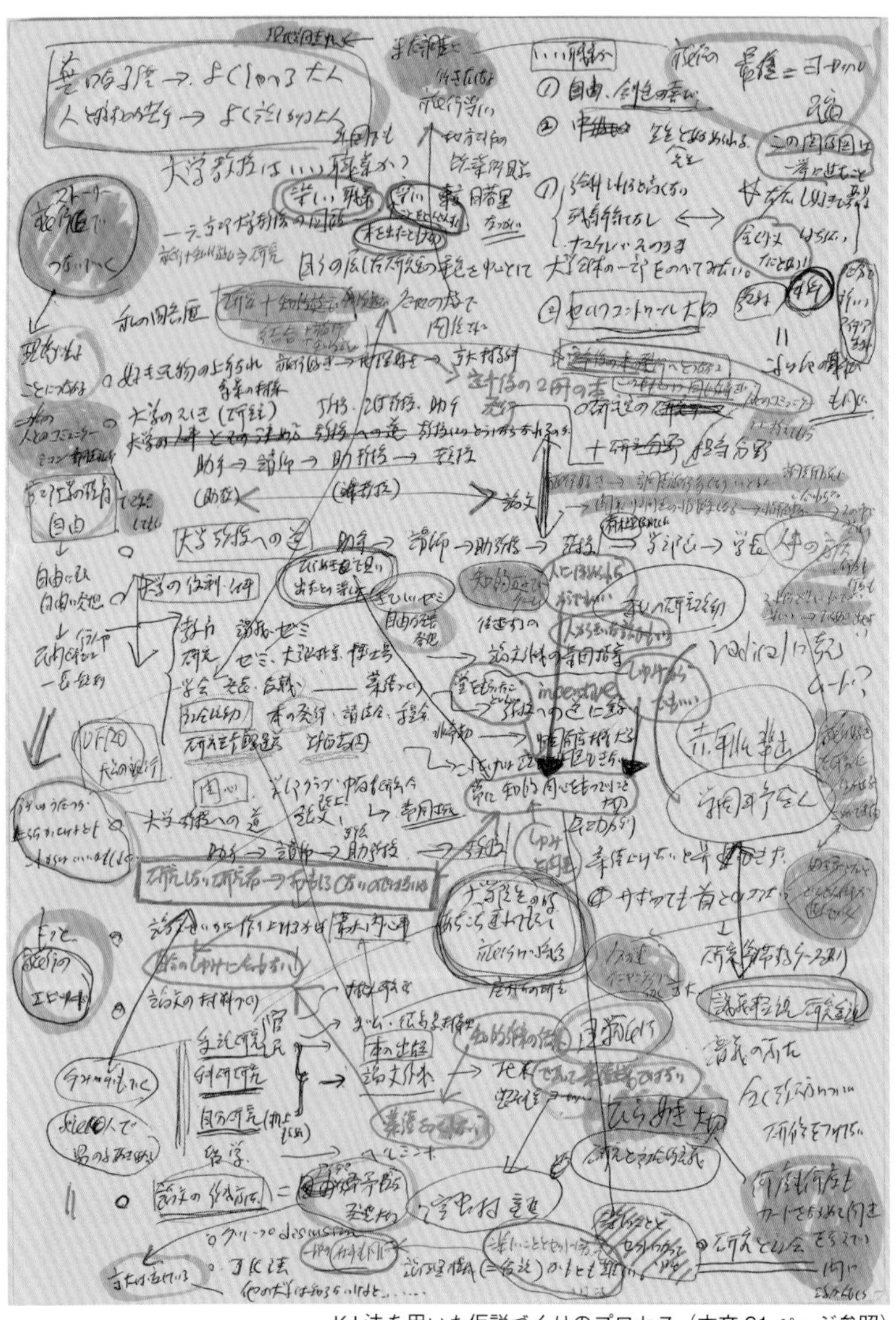

KJ 法を用いた仮説づくりのプロセス（本文 61 ページ参照）

京大教授の研究人生

―ある森林経済学者の回想―

岩井　吉彌

目次　京大教授の研究人生　―ある森林経済学者の回想―

はじめに

私は現在77歳、少々陳腐な言い方をすると、喜寿のおめでたい年回りである。14年前に京都大学を定年退職して、現在は年金生活をしている。

今までの研究過程で収集した資料やデータが手元に沢山あるが、これまでに作成した論文や著書に利用せずにそのままになっていたのも少なくなかった。それらを何とか有効に利用できないかと、かねがね考えていて、昨年『山村に住む、ある森林学者が考えたこと』（大垣書店）と題する本を出版した。

しばらくして、その本を買ってくれた人から連絡があり、「先生の著書を読ませていただいて、大変面白かったですよ。先生は資料収集のために国内外の色々な地域に行かれたのですね。大学の教授は、教育と研究が主なお仕事のようですが、研究とは具体的にどんなことをされるのですか」と言われた。

すぐに答えようと思ったが、そのような質問に対して、手短かに分かりやすく答えるのは極めて難しかった。

孫が今年大学に入学したので、将来の夢を聞いてみた。大学院に行って研究に携わりたいと言うが、研究とはどんなことをするかは、あまり知らないようだった。

つまり、日本の大学や大学院では多くの研究が行われているが、その内容についてはあまり知られていないようである。

大学への進学を目指している高校生、これから大学院に行きたいと思っている大学生、大学院でもう一度勉強したいと思っている社会人の人たち、さらに将来自分の子供を大学教授にしたいと思っている親御さん、それに今回のように、私の本を読んで関心を持ってくれた人たちは、大学の教育・研究について、もっと知りたいと思っているのではないだろうか。

しかし、大学案内や大学のホームページを見ただけでは到底わからない。

以上のような思いのもとに、この度「京大教授の研究人生」というテーマで本書を書いてみた。

世の中には多くの大学があり、何万人もの大学の教員がいて、それぞれが違った研究テーマを持っている。同じ学部の中で行われている研究についてさえ、ほとんど知らないに等しい。

人間社会の発展と大学の専門分野の拡大と深化に伴って、今では、更に多様な専門分野が存在している。

研究対象にしても、自然を相手にするのか、人間社会を対象にするのかによっても大きく違うし、それぞれの研究者の採る研究手法も大きく異なるはずである。だから一人の研究者が、大学全体の研究について語ることはとてもできない。仮に出来たとしても、せいぜい研究テーマを羅列することぐらいであろう。

残る方法は一つだけ、一人の研究者として、自らの専門分野での体験・経験を中心に、出来るだけ具体的に述べていくことで、研究の世界の一端に触れていただけるのではないかと思う。ただ、それだけに個人史的な色彩も強くなり、書かれているのは今から15年以上前の事であり、多少の記憶違いがあることもご了解いただきたい。

第一章　学生から研究者へ

第一節　地理大好き人間

大学進学にあたって、私が選んだ大学は京都大学の農学部林学科であった。本当は「地理」の科目大好き人間だったので、文学部の地理学科へ行きたかったのであるが、父の希望との妥協の結果、林学科も地理に関係があるという拡大解釈をしてそこに決めたのである。

「地理大好き」になったのには次のようなきっかけがあった。

ちょうど5歳の時であったと思う、父母に連れられて和歌山県に初めて旅行に出かけた。大阪天王寺から蒸気機関車の引っ張る列車「熊野号」に乗り、紀州路を南下した。12月だったので、線路の両側にはオレンジ色のミカンがたわわに実り、窓から手を出せばすぐに取れそうだったのを鮮明に覚えている。6時間ほどかけて勝浦温泉に着き、今でも営業している旅館の海辺の露天風呂に入り、我が家の狭い五右衛門風呂との違いに感激してしまった。

翌日は、新宮から熊野川をさかのぼるプロペラ船に乗り瀞峡（どろきょう）まで行った（プロペラ船とは10人乗りくらいのエンジン付き木造船であるが、川の浅瀬を通過するためにスクリューが使えないので、船上後部に大きなプロペラを設置してその推進力を利用して川をさかのぼる特殊な船で昭和40年頃まで就航していたようである）。その途中、川上から次々と流れてくる木材筏に出会った。今から思えば、上流の奈良県十津川村あたりで伐採された木材が、新宮の製材所に運ばれる途中だったのであろう。

那智の滝では、記念写真を撮った。当時は「3人で写真を撮ると、真ん中の人は早死にする」という変な迷信があったので、近くにいた観光客に頼んで1人加わってもらって4人で撮った。その人はいまだ高校生らしかったが、連れの人が言うには、倉敷紡績の御曹司らしかった。

この上ない素晴らしい旅行であり、蒸気機関車、露天風呂、木材筏、記念写真とこの4つがキーワードとなった旅行であった。

これがきっかけとなって、以後、旅行大好き人間になってしまった。夏休みと冬休みには、ほぼ毎年のように旅行に連れて行ってもらい、それが小学校から高校時代まで途切れなく続いた。47都道府県のうち40近くは踏破したと思う。

行く先々では必ず絵葉書を買い、観光地や旅館のパンフレット、それに国鉄駅の入場券を集めて汽車の写真を撮った。

小学4年生以降は、分厚い時刻表を毎月購入して、日本地図とにらめっこしながら、自分で旅行スケジュールをたてた。観光ルートを決めて、とりわけ蒸気機関車に乗ることが大きな楽しみになった。いわば「乗り鉄」である。

当時は、日本の主要都市と地方都市の間には、多くの特急や急行列車が運行されていて、特急列車には鳥の名前が、急行列車には行き先の地名が愛称としてつけられていた。

とりわけ急行列車が好きで、全国で運転されている列車名と運転区間をすべて覚えていた。例えば、急行「霧島」は鹿児島本線経由東京―鹿児島間、急行「雲仙」は東京―長崎間、急行「出雲」は東京―浜田間、急行「津軽」は上野―青森間、急行「みちのく」は上野―盛岡間などと言うように。

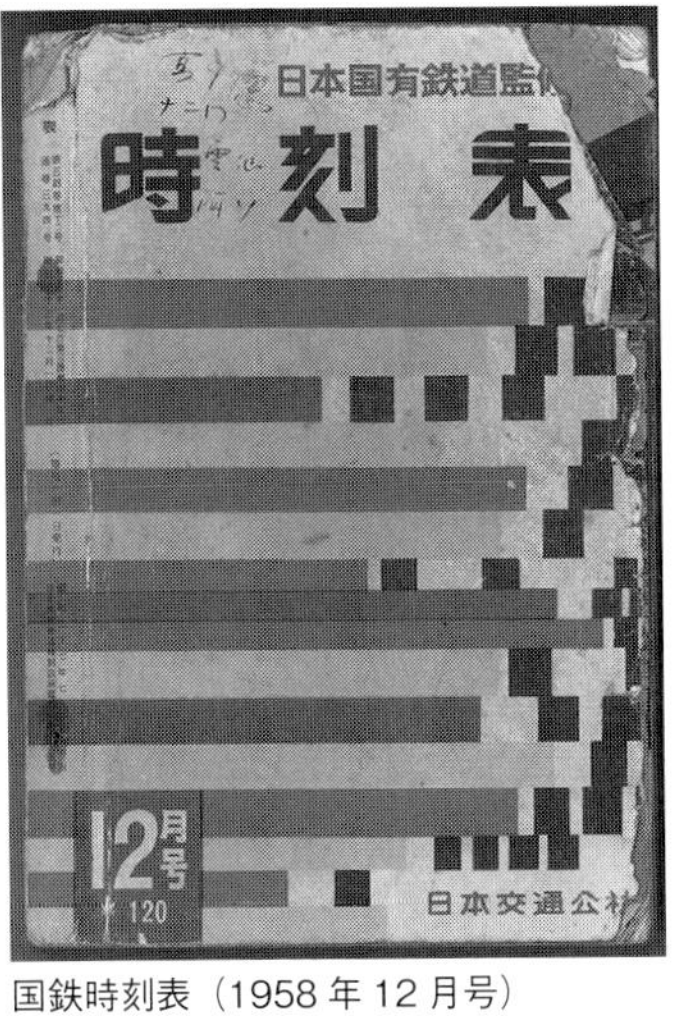

国鉄時刻表（1958 年 12 月号）

そして観光地の名前を覚え、駅名を覚え、列車が通る河川や山脈も知るところとなった。

こうして、自ずと日本の地名に詳しくなり、地理大好き人間になったのである。

同じころ、母が誕生日プレゼントに世界地理図鑑を買ってくれた。そこには、世界の長い河川の名前と地図とが載っていた。最近のウクライナのニュースを聞くたびに、ウクライナを南下して黒海にそそぐのはドニエプル川だったと懐かしく思い出す。

中学2年の時だった。日本史の夏休みの宿題に、好きな歴史の本を読んで感想文を書いてくるように言われた。大学に通学している近所のお兄さんに相談したところ、岩波全書の「明治維新」を読んでみたらどうかと勧められた。中学生にとってはかなり難解な本だったので、内容について教えてもらいながら何とか読み終わり、感想文を書いて提出した。次の週の授業時間に先生の講評があり、みんなの前で感想文を誉めてもらった。

それから、明治維新以降の近代史、それに日清戦争や日露戦争についても関心を持つようになった。

さて、高校生活も半ばを迎えて、進路を決めなければならない頃になった。

旅行大好き人間であったので、地理の勉強ができる大学を探すと、京都大学の文学部に地理学科があり、そこがいいなと思った。ところが父は、「そんなところに行っても飯のタネにはならん」と強く反対するのである。家業として林業を営んでいたので、もっと林業に役立つようなところに行けと言うのである。

私の家は京都の田舎にあり、一人っ子だったこともあり、父は私が当然林業の跡を継ぐべきものと考えていた。だから、林業とはおよそ関係のない地理学科に行ってもらうと困るというのである。そして、高校の進学担当の先生にもこっそりと相談に行ったらしく、ある時私は進学担当に呼び出され、「京大農学部に林学科というところがあり、そこには経済学や林業地理が勉強できる分野もあるので、そこにしたらどうか、家業の林業にも役立つと思うから」と勧められた。それで満足したわけではないが、父は頑固でとても私の希望は聞いてくれないと判断したので、妥協して林学科を志望することになった。

ところが、私は理系に弱く、数学や物理が大嫌いであった。林学科を目指す試験には数学は必須であったが、物理は選択しなくともよかった。それに幸いなことに、京都大学の林学科の合格最低点は比較的低かった。だから、たとえ苦手な数学で点数がとれなくても、得意の地理や歴史で点数を稼げば、なんとか合格ラインに行くのではと思って受験した。

その作戦は見事に当たって、無事、林学科に入学できた。

苦手な科目はあっても、進む道はあるのである。

第二節　大学での勉強

大学では、2年生までは一般教養科目、3年生から専門科目の講義が中心になる。

一般教養には必須科目もあって、数学や物理関係の講義もとらなければならなかったが、何とか試験にパスして単位をとることができた。

3年生になると森林や林業に関する実習や実験があり、これらはすべてが必修である。林学科には、付属の演習林があちこちにあって、そこで実習が行われた。泊りがけで林業や森林の現地見学もあって、旅行好きの私にとってはとても楽しい旅行であった。八幡平登山の後に、蒸ノ湯温泉に下山して、地熱であったかい地面に蓆を敷いて1泊したのは楽しい思い出である。

3年生の段階で4年生時に所属する研究室（＝講座）を決めて、そこで卒業論文を書く。卒業論文はとても重視されていて、必須科目の単位としても大きいので、そこにかける時間とエネルギーは、感想文やレポートなどとはおよそ次元が異なり、研究論文にも劣らない高いレベルが要求されるのである。


林学科では、森林や林業についてあらゆる側面から研究が行われており、理系としては生物分野、化学分野、物理分野、工学分野があり、文系としては、社会科学系として経営経済分野、さらに人文系分野までがあって、それぞれの研究室がある。いわば1つの学科の中に、理系、文系、人文系といったすべての分野があり、まるで1つの大学を構成しているかのようである。

海外には、こうした分野を更に広く網羅した林業大学や林学部が存在する国もある。

さて、4年生でどの研究室に所属するかは、基本的には学生の希望によって決めることができる。

ただし、希望者が特定の研究室に偏る場合は十分な指導ができないので、教授と学生の間の話し合いによって人数調整が行われる。

私は、出来れば文系の分野に所属したいと思っていたので、経営経済分野の研究室を選択した。


4年生の苦い思い出の一つを述べてみよう。

4年生向けの必須科目に「樹木病理」があったが、講義は面白くない上に、出席もあまりとらないという事だったので、ほとんど講義に出なかった。期末試験には、親しい先輩から前年の講義ノートを借りて試験に臨んだ。感触としてはかなりできたと思ったが、結果は不合格であった。担当の教授にその理由を聞きに行くと、教授は次のように言った。「今年の試験には、何問か去年の試験と同じ問題を出題した。実は、私は今年の講義では、去年の講義とはかなり違った内容の話をしたけれども、君は去年話した内容の解答をしていた。きっと誰かから去年の講義ノートを借りて勉強したんだろうが、出席もせずに試験を受けるのはけしからんことだ」と。

私はとっさに次のように答えた。「確かに先生のおっしゃるように、先輩から去年の講義ノートを借りて試験を受けました。でも講義に出ずに、試験を受けるのはさほど悪いとは思いません。全く誤った解答をしていたのであれば仕方ないと思います。また、この1年の間に『樹木病理』の分野で、全く違った新しい事実が判明したから、講義の内容を変えたのだ、とおっしゃるならよくわかりますが、そうなのですか」と。

すると、なんと生意気なことを言う学生だろうと、教授も思ったのであろう、もう怒り出して、「絶対に単位はやれない」と言う。

この単位が取れないと、いくら卒業論文を書いても卒業はできないので、ハタと困ってしまった。

困り果てて、所属していた研究室の教授に相談すると、2人の教授で話し合いをしてくれて、「謝罪したうえで、再試験を受ければ何とかしよう」という事になって、何とか一件落着した。

その教授は、その後1年余りして病気で亡くなられたが、「この一件が悪い影響を与えてしまったのではないか、あの時、生意気なことを言わずに、すぐに謝罪した上で再試験をお願いすればよかった」と、今でも後悔している。

第三節　研究室とゼミナール

私の所属した研究室の当時の概要を示すと、次のとおりである。

まず教官は、教授を頂点に、助教授（現在では准教授と呼ぶ）、講師、助手（現在では助教と呼ぶ）２名の計５名である。年齢は教授が最年長で、以下年齢序列になっている。

以上の教官の他に、国内の大学から内地留学に来て博士論文を書いている先生、外国から留学に来ている先生（当時は韓国から）、それに国内の研修生もいる。

国内の研修生は、山林所有者の後継者であるとか、地方自治体の林業関係部署の職員であり、林業経営や行政の現場に近い人たちである。

その他に、修士課程と博士課程の大学院生がそれぞれ数名と４年生が５名いるので、総勢20名余りとなる。

一般に教授、助教授、講師までは自室を持ち、学生は相部屋で自分の机を与えられているので、そこで夜中でも勉強することができる。

その他に、研究室の図書室、事務室、ゼミナール室がある。京都大学には、大学全体の総合図書館があり、全学の教職員及び学生は自由に利用できる。それに各学部の図書室、各学科の図書室、各研究室の図書室があって、４層構造になっている。研究室の図書室には文献、つまり、古い資料、専門書、新刊本、報告書、統計書、外国図書など大概そろっていて、そこに行けばすぐに閲覧やコピーができるので、とても便利である。研究室の所蔵本の多くが全学の総合図書館にも登録されているので、総合図書館でも検索できるようになっている。

研究室の事務室には1人の女性職員がいて、研究室の会計、庶務、図書などの業務を担当している。私の37年間の在職中、8名の事務職員が交代したが、そのうち5名が研究室の教官や学生と結婚をしている。研究室のメンバー同士で結婚にまで至ったのはうれしいことであった。

研究室では、週1回の定期的なゼミナールがある。ゼミナールとは、一般的には「教官が少人数の学生を相手にレポートや卒業論文の指導をしたり議論をすること」である。ただ、私の研究室では、教官以下学生も含めた全員出席が原則である。前もって当日の発表者を2～3名決めておいて、論文作成の中間報告（卒業論文・修士論文・博士論文・教官の論文）、文献の読書会、調査報告の発表、学会発表練習、その他話題提供などのいずれかが行われ、内容としては実に多彩である。

いずれも当日の発表者が主役であり、発表・質疑応答・ディスカッションすべてに正面から向き合わなければならない。当時はＩＴの時代ではなかったので、発表は手書きの要旨をコピーして配ったり、黒板に書いて説明を行う。午後1時から始まり、いつ終わるかは分からない。時には夜の10時まで議論が続くことがあり、そんな時は全員疲れてしまって声も出なくなるほどである。

発言は全く自由であり、発言時間は迷惑にならない限り制限はない。学生が教授に対して真っ向から反対意見を述べても一向に構わない、ちぐはぐな発言をしても、それほど恥をかくことはない。

ゼミナールの中で、学生は論文の書き方、発表の方法、質問の仕方、返答の仕方、ディスカッションの仕方など、学ぶことは極めて多い。発表者1人に対して聞き手は大勢いて、どのような質問が出てくるかもわからないので、戦々恐々とするが、質疑応答の訓練としてはこれ以上のものはない。

さらに重要なのが、そこでは反対意見や批判的意見だけでなく、「それよりも、このように考える方がいいのではないか」とか、「このように考えた方が面白い」といった前向きな意見も多く出ることである。議論している中で、ふっと感じるヒントがあったら、それを自分の論文に利用することもできる。

このようにゼミナールは、「多角的にものごとを考える力」を習得する場であると同時に、論文作成に必要な発想法のトレーニングの場ともなる。大勢で1つのテーマに関して、自由に議論する大切さがよくわかる。

ゼミナールは、卒業論文だけでなく、学術論文を作成するにあたっても重要な役割を果たすのである。

第四節　卒業論文の作成

4年生になると卒業論文の作成に取りかかる。4月になって最初のゼミナールで、どのような論文を書きたいかの希望を聞かれる。テーマについては比較的自由であるが、余りにも森林や林業とかけ離れると指導できないので、変更するようにアドバイスされる。

余談ではあるが、私が教授をしていた時は、データが集められる限りテーマは自由としていた。4年生の卒業論文で、例えば林業や森林とは直接関係のない「無人スタンドにおける野菜販売の社会的意味」とか、「南方熊楠の思想について」といった論文指導をしたこともある。(南方熊楠は、明治から昭和にかけての和歌山県の生んだ博物学者であり、自然や民俗学について、実に多様な分野の研究をした。)

私自身、そうした分野についてほとんど知識を持っていなくても、学生と共に勉強することで知識は得られるし、論文の作成指導については、テーマによる違いはないと考えたからである。とくに南方熊楠の論文は立派に仕上がり、「南方熊楠は生態系における環境問題を我が国で最初に指摘した」と結論した。それは、学会発表にも値するものであったが、その学生は4

年生で卒業して法務局に就職したので、残念ながら発表の機会はなかった。

さて本論に戻ると、具体的なテーマが決まらない場合は、教官の方からいくつかのテーマが提案される。

私もテーマについて聞かれたとき、「テーマは決まっていませんが、林業地理に関することをやりたい」と希望を言った。地理大好き人間だったので、それに関係したことをしたいと思ったからである。

「具体的にはどのような事か」と聞かれたので、「例えば、林業はあちこちの地域で行われているが、その地理的分布の要因について考えてみたい」と答えた。

すると「そのままではまだ漠然としているので、もう少し絞るように」とアドバイスされた。

色々と参考になる本や文献を紹介されて、図書室でそれを探して自分の考えをまとめてみる。そのようなことを2~3回繰り返した末に、やっと自分のやりたいことが見えてきた。地理、歴史、それに北方領土や明治維新などに関心を持っていたので、その関係の分野の本を探していると、「樺太林業史」という本を見つけた。読み進めると、何やら「樺太」にロマンを感じてやる気が起こってきたので、樺太林業を論文のテーマに決めた。

4年生の時は、卒業論文作成のために学生一人ひとりに指導教官がついて、日常的にも学生に指導が行われる。

私の指導教官であるM先生は、東京大学から来たとても頭の切れる先生で、樺太林業に関する文献についてもいろいろとアドバイスしてくれた。樺太には、かつて京都大学の演習林があった関係で、研究室の図書室や林学科の図書室には、樺太の森林に関する古い資料がかなり所蔵されていた。

樺太はもとはロシア領であったが、日露戦争の勝利で南半分が日本の領土となり、第二次大戦の敗戦によってソ連に返還された。当時は、我が国の資本主義経済が世界の先進国に追いつくべく、急速に発展した時期であった。従って、その前後の日本経済についても基礎知識として頭に入れておく必要があるとアドバイスされ、先生おすすめの日本資本主義の成立・発展・没落に関する本を7~8冊読むことになった。その中には多くの難しい経済用語が出てきて、そのつど経済史辞典で調べていたが、それでもどうしても理解できないものがあった。「金輸出解禁」という言葉がそれであった。それは金本位制度に関する用語であったが、十分には理解しがたかった。(金本位制度とは、お金の価値の基準を金におく制度である。従って中央銀行は、発行する紙幣と同じだけの金を金庫に保有して、いつでも紙幣と交換することを保証し、金の自由な輸出入も認める。我が国では、1897年から1931年まで金本位制が採られ

た）
　仕方なくM先生に教えを乞うた。しかし、さすがのM先生も詳細なことまでわからず、「僕の大学の友人が、東京銀行の本店に勤めている。東京銀行は外国為替をよく扱っている銀行で、金についてはよくわかっているはずだから、彼に直接聞いてみなさい。紹介の手紙を書いてあげるから、東京まで行ってきなさい。」と言ってくれた（東京銀行は、その後三菱銀行と合併して東京三菱銀行となり、さらにＵＦＪ銀行と合併して三菱ＵＦＪ銀行となった）。しかし、それを聞くためにだけに東京にまで出かけるのもたいそうだと思い、質問の手紙を出すと丁寧な返事をもらった。こうして疑問は無事氷解したのであった。

日本資本主義に関するシリーズ本

　多くの本や文献を読むことで、樺太林業や日本の経済史についてかなりの知識が蓄積できた。

　しかし、得られた知識を用いて論文に仕上げていくには、さらに高い次元のプロセスが必要だった。（そのプロセスについては、とても重要なので、論文の作成方法の項で述べたい）

確か7月ごろだったと思うが、ゼミナールで論文の中間報告を行った。各教官からは鋭い質問が次々と飛んできて、下手な答え方をするとさらに追い込まれてしまうので、よく考えて答えなければならない。だから緊張の連続である。各教官からはしばしば次のように言われた。「君の報告は単なるレポートだね。レポートというのは、得られた資料や情報をもとに、事実を順に並べてそれに少し自分の考えを付け加えたもので、それは論文とは全く違う次元のものなんだよ。そんなことではとても論文作成は無理だよ」と。このように、通常はやさしく指導をしてくれる先生方も、ゼミナールになるととても厳しい発言をするのである。それでも、やはりレポートと論文の違いについては、理解できなかった。何故なら、論文の作成は今まで一度も経験したことがないからであった。

そのあとM先生は私を部屋に呼んで、レポートから論文に大変身させるための秘伝を教えてくれた。

それはまず、英単語を覚えるカードに資料や本の中の重要だと思われる事項をひとつずつ書き込んで、机の上に広げてグループ化しながら思考を重ねていく方法であった。

それはのちに、川喜田二郎氏が考案したKJ法であることを初めて知ったが、この手法が以後私の主たる研究手法となった。ちなみに、本書もKJ法を用いて書いているが、その手法については改めて後述する。

さらに、次のようなこともあった。

同じ研究室に属していた4年生は当時5名いた。その中の一人であるT君は、能登半島の森に生えていて輪島塗の生地材料になる、ヒバという木の需給について卒業論文を書いていた。ゼミナールでの中間発表でM先生が質問したところ、T君は明らかに不勉強さがわかるような答え方をした。

すると「そんなこともわからないのか、何を勉強してきたんだ！」と突然怒号が響き渡るとともに、T君の目の前に白いチョークと黒板消しが飛んできた。

そこにいた4年生全員は恐怖に凍り付いた。

あくる日の午後だったが、T君が私のところにやってきて、喫茶店で少し話したいという。大学近くの喫茶店でT君は次のように切り出した。「僕はもう大学を中退しようと思う。昨日のゼミナールのように、あんなにひどい罵声を浴びせられ、黒板消しが飛んでくるのでは、もう生きていけない」と。私も気が小さい方だったけれども、彼はそれを上回っていたようで、とても追い詰められているようだった。顔色もすごく悪かったのを覚えている。

「どなられるのは僕だって同じことだよ。先生はあんなこと言ってるけど、卒業はさせてくれるよ」と何とかT君をなだめてその場を後にした。

翌日、T君が研究室に顔を見せたのでホッとした。

彼も立派な論文を完成させて無事卒業し、めでたく大手の製紙会社に就職した。


卒業論文の締め切りが終わると、しばらくして卒業論文の発表会が行われる。会場には学科の教官全員と学生が出席して、ほぼ満席の状態である。4年生25人が順番に卒業論文の要旨を発表する。発表時間は20分ほどで質疑応答が5分、居並ぶ教授先生からは必ず鋭い質問が出る。

私の論文テーマは「我が国紙・パルプ産業における樺太林業の意義」であったが、学科のボス的な教授から、「君の論文にはどのような社会的な意味があるのかね」と鋭い質問が出た。

それに対して私は、「従来、国有林である樺太の森林は、単に紙やパルプの工場の原材料として払い下げられてきたと言われてきたが、私はこの論文で、その払い下げは、日本の紙・パルプ企業を国際的にも十分競争できるような技術力と資本力を持つレベルにまで引き上げる、画期的な役割を果たしたことを、我が国で初めて明らかにしたものです」と答えて、無事、論文審査をパスした。

その後、指導教官から「修士論文としても通用するほどの論文だ」と誉めてもらい、学会誌に投稿するように勧められて学会誌に掲載された。

これが学術論文として認められた第一号であった。

卒業後5年ほどたったころ、同窓会が京都で開かれた。T君にも久しぶりに会ってお互いの再会を喜んだが、それに続いてT君は次のように言った。「岩井君よ、俺たちの研究室のゼミは厳しかったよなあ。卒業論文は大変やったなあ、もう死ぬかと思ったよ。あの時のことは今でも夢に見ることがあるんや。でもな、この間、会社の昇進のための研修会があって、最後に小論文を書かされたんだ。研究室で経験した論文づくりを思い出して同じような方法で書いてみたら、上司がすごく誉めてくれてね。卒業論文があれほど役立つとは思ってもみなかったよ。遅まきながら、先生方に感謝。感謝。」と、とてもうれしそうだった。

こうして、卒業論文の作成は学術論文ばかりでなく、社会に出てからの小論文作りにも役立ったのである。

第五節　大学院はどんなところか

大学院は学部のさらに上にある課程で、学部4年生を卒業して進学できる。正式名称は少し仰々しいが、京都大学農学研究科林学専攻という。大学院を目指す目的は人によるが、およそ4つほどある。第1は、将来、大学の教官や研究所の研究員を目指す場合。第2は、研究者や教官を目指すというよりも、博士号取得を目指す場合。第3は、民間企業に就職する際、大学院を出た方が有利だと思う場合。第４は、学部４年間の勉強だけでは物足りないので、もう少し勉強したいと思う場合。私の場合は、第４の理由であった。

では大学院に入るにはどのようにすればいいのだろうか。

京都大学の大学院だからといって、京都大学を卒業している必要はなく、他の国公立大学でも私立大学でもよい。試験にパスすればよいのである。

大学院に入る試験についてであるが、まず農学研究科全体としての外国語試験がある。ドイツ語やフランス語などの外国語で受験してもよいが、一般には英語で受験する人が圧倒的に多い。まずこの外国語の点数が、全受験者の平均点を上回っている必要がある。だから大学院の試験では、英語の不得意な人は不利である。

次に、専門科目の試験がある。林学全般にわたる試験と、希望する研究室の専門試験が行われ、これに合格しなければならない。そして最後に面接試験がある。これらの試験にパスすれば、出身大学や学部、それに年齢は問わないのである。私の研究室でも、女子大の文学部出身者や、企業を定年退職した、私よりもはるかに年上の人もいた。

大学院に入っても、講義があって所定の単位を取らねばならないが、学部に比べると講義の数はずっと少ない。修士課程では修士論文が必須であるが、卒業論文よりも高度の内容が要求され、より厳しい審査が行われる。

要するに、大学院は講義を受けるというよりも、むしろ研究に重点を置くシステムになっている。

だからそれだけ自由な時間が多くなるけれども、その分、自主的に勉強と研究に励む姿勢と情熱がなければ、かえって怠けてしまう危険性がある。また、大学院に入ってみたけれども、自分の抱いていたイメージと異なる研究室であったため、中退する人もいる。

従って、大学院を目指す場合は、まず希望する研究室を訪問して、やりたい研究について教授に相談するのがよい。前もって連絡しておけば、教授は快く話を聞いてくれるはずである。


さて、私が大学院に進んだのは、もう少し勉強したいからとは言ったが、本当はもう少し不純な理由からだった。京都大学は他の大学と比較しても自由な雰囲気があり、適当に勉強しておれば誰にも文句を言われることがない。自由で居心地のいい時間がたったの4年間だけではもったいない、もうしばらくはそのぬるま湯に浸っていたいと思ったからである。

大学院に進みたいと父に話したところ、「もう少しだけならいいだろう、それが済んだらすぐに帰って来いよ」と承知してくれた。そして間もなく、父は心筋梗塞で突然に亡くなってしまった。大変なショックで呆然とした日が続いたが、しばらくして、私の進路に文句を言うものは誰もいなくなっていることに気が付いた。

研究室では当時、江戸から明治時代における林業の歴史研究も盛んであった。歴史の研究だと、林業史に関する既存の文献の勉強だけでなく、村や地主の家に残っている古文書などを発掘しなければならない。ゼミナールでも林業史研究の発表が時々行われるが、そんな報告を聞いていると、しだいに江戸時代の林業にも関心をもつようになる。しかし、それに関わるには古文書が読めなければならない。

農学部には農業史の研究室があり、教授は古文書にとても造詣が深い。その教授にお願いして、古文書解読ゼミナールに参加させてもらった。京都大学では、自分の研究室以外のゼミナールなどに参加したいと思えば、担当教授にお願いして許可さえもらえれば参加できるという、自由さがある。

参加メンバーは6~7名の少人数であったが、毎週1回ゼミナールが開かれ、本物の古文書をコピーしてそれで解読練習を行った。単なる文字や文章の解読だけではなく、教授からその文書の時代背景の解説があるので、古文書の内容についてより深く理解出来た。

少し話は飛んでしまうが、私が教授をしていた時、次のようなことがあった。

ある日、京都大学医学部の教授から、「私の研究室の博士課程に在籍する女子学生のことで、研究上のお願いに上がりたいので、学生ともどもお会いしたい」という電話があった。会って話を聞いてみると、現在彼女は、「森林浴」の研究をしているが、医学部の研究室だけでは対応できないこともあるので、私の研究室の協力をお願いしたいというのである。つまり、医学的な側面からのアプローチだけでは不十分と思われるので、森林サイドからのアドバイスをお願いしたいというのである。私は森林浴については今まで研究をしたことがなかったので、いったんはお断りをしたけれど、話をしている間に、以前に調査・研究をした森林レクリーエーションと少なからず関連があるように思えてきた。それで、その後可能な範囲内で、彼女の研究に対してアドバイスをすることになった。

古文書の一例

この例は、多様な分野の研究室と自由な雰囲気を持つ京都大学の良き研究環境のなせる業だといえる。

その後、彼女は森林浴の本場であるドイツへの留学もして多くの優れた論文を作成し、現在は国立の森林研究所に勤務している。

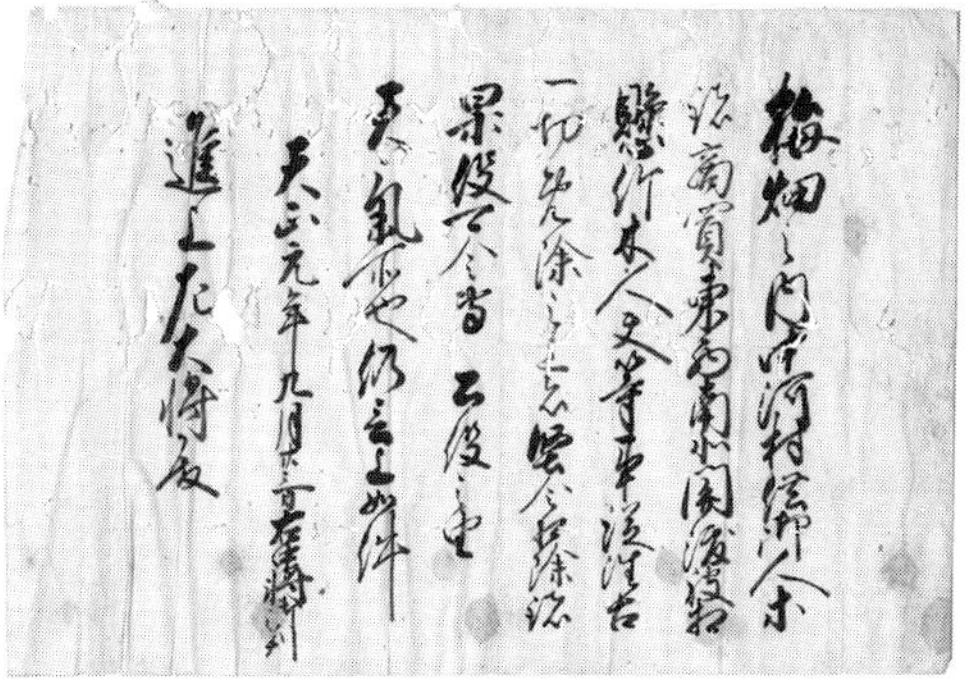

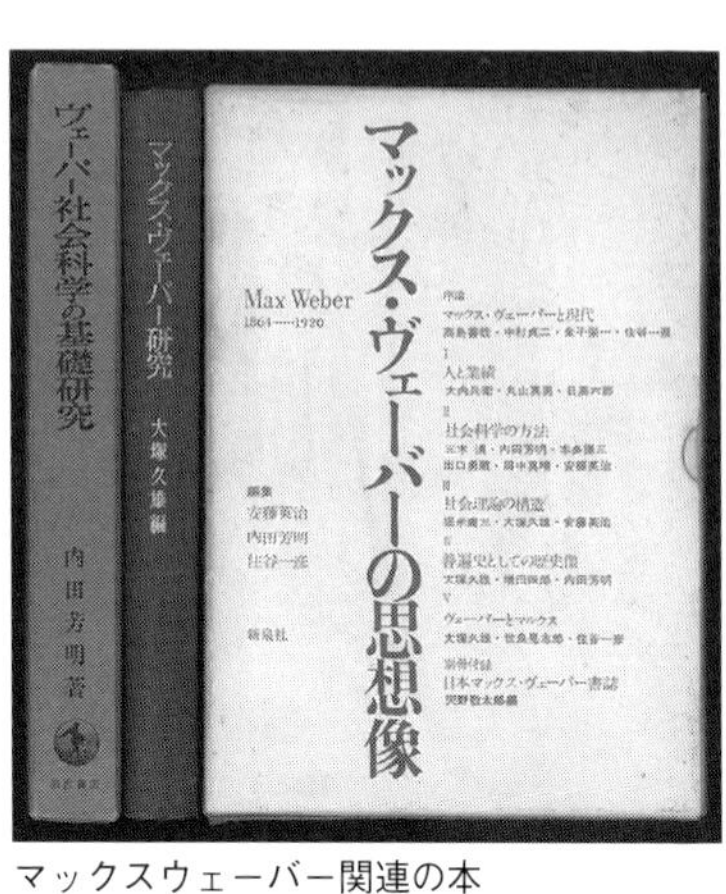

マックスウェーバー関連の本

さて本論に戻るが、私の研究室では、大学院生や助手の先生が中心となって自主的な勉強会がたびたび開かれた。マルクス経済学勉強会、近代経済学勉強会、社会経済学者のマックスウェーバー勉強会、経済学者の宇野弘蔵勉強会などであったが、単なる内容理解にとどまらず、著名な経済学者の考え方を、私たちの研究にどのように生かしていくかについての議論も盛んに行われた。それぞれ6か月以上にわたって継続的に開かれた。

またある時には、教官が現地調査に連れて行ってくれた。例えば、奈良県吉野地方の木材流通調査である。林野庁は林業政策を立てるにあたって、地域や産業の実状を把握するために、毎年かなりの数の実態調査を行っている。農水省の外郭団体や大学などに委託して行うので、京都大学にも年間1~2件の委託調査が来る。それを引き受けた教官が現地に出かけて行って、地方自治体、森林組合、製材工場、山林所有者などを訪問して聞き取り調査や統計資料などの資料収集を行い、まとめて報告書を作成して提出する。その現地調査に大学院生を同行させるのである。

同行させる目的は2つある。ひとつは調査の手伝いであり、もうひとつは大学院生の教育・

訓練である。前者についていうと、アンケート調査の手伝い（配布や回収）、統計書などのコピー、聞き取り調査の分担などであり、後者は聞き取り調査のノウハウ教育と訓練である。

先に述べたように、私の卒業論文は樺太の歴史研究で、図書室にある本や文献を読んでデータを収集できたので、研究室の外に出かけて行ってのアンケート調査や聞取り調査の経験は全くなかった。大学院生であるからには、それではだめだと考えられたのであろう、私に聞き取り調査方法を教えるため、教官が吉野の現地調査に連れて行ってくれたのである。こうした委託調査費用の中には、旅費も十分に準備されているので、大学院の学生に手伝わせたり教育をするにはいい機会なのである。

さて、初めて調査に連れて行ってもらった時である。1日目の製材工場の聞き取り調査では、すべて教官が聞き取り調査を行ったが、2日目の朝になって、当日の調査は私が担当するように言われた。1日目の聞き取りには私も同席していて、聞き取り内容をすべてノートに記入していた。だから、それに倣って同じ質問をすれば事足りるはずであるが、実際はなかなかそうはいかない。

もともと私は山村に生まれて、小学校の同級生が十数人しかいないような小さなへき地校で教育を受けたせいもあって、見知らぬ人と話をするのはとても苦手であった。聞き取り相手は製材業者で、木材の売買交渉に慣れていて、どちらかと言うと言葉遣いは荒っぽい。そうした人が相手では、おどおどと委縮してしまってスムースに聞き取り調査が進まない。

隣に座っていた教官が、ついに見かねて助け舟を出してくれた。その後何度か助けてもらいながら、何とか初めての聞き取り調査を終えることができたが、なんとも恥ずかしい思いをした。

しかし、つたない聞き取り調査でも、何度か繰り返しているうちにしだいに慣れてくるものである。何とか一人でもできるようになると、ある時、教官は次のように教えてくれた。

「聞き取り調査では、まず、準備をしてきた項目を聞くのは当たり前だけれど、話の中でオヤッと思うことや引っかかるようなことがあれば、ここぞと思って突っ込んで聞いてみることが必要なんだよ。すると、今まで思っていたのとはまるっきり違う場面が現れてきて、新たな事実が明らかになってくるのだよ」と。

つまり、聞き取り調査のコツと極意を教えてもらったのである。そうなると、俄然、聞き取り調査の面白さを知るところとなる。

あれほど人見知りをしていたのに、不思議なことにそれ以降、初めての人と話をするのも苦痛でなくなっていった。

第六節　京都大学の校風と学生気質

ここで少し本題とは離れるが、京都大学の校風と学生の気質とについて触れておきたい。ゼミナールの様子については先に述べたが、そこでの一つの特徴は、「自由な発言」が許されることである。教授の発言に対して反論をしても一向にかまわない、的外れな発言をしても叱られない、一見奇抜だと思われる発言をしても、場合によっては面白い発想だと誉められる。時には夕刻5時を過ぎてもなかなか議論が終了せず、夜遅くになってしまう。そのうち議論すること自体が楽しくなる。

このような熱い議論が交わされる状態を談論風発と言う。

聞くところによると、それが京都大学の特徴の一つだという。京都大学の人文科学研究所では、異分野の研究者が集まって自由な議論が交わされ、そこからは多くの独創的な考え方が生まれた。

京都学派とも呼ばれる、桑原武夫（フランス文学）、貝塚茂樹（東洋学）、今西錦司（生態学）、梅棹忠夫（民俗学）、梅原猛（哲学）などのそうそうたるメンバーが集った。

そのような自由な議論から生まれた独創性は、京都大学から発信されて、やがて日本の学界に大きな影響を与えたのである。異なった視点からの自由な議論が、新たな世界を切り開いていく上でとても重要なことを示している。

川喜田二郎氏も京都学派のメンバーであったので、もしかしたら論文の作成方法であるKJ法も、このような場で生まれたのかもしれない。

かつてある週刊誌に「日本の有名企業社長の学歴一覧」が掲載されたことがあったが、他大学に比べて、京都大学出身の社長は少ないように思われた。また国家公務員の昇進についても、京都大学出身者は他大学出身者よりも遅いとの話を聞いたことがある。

私は、それには次の２つの要因があると思う。

ひとつは、京都大学では、他大学に比べて教育内容の密度が低いこと、もうひとつは、他大学に比べて自由な雰囲気が漂っていることの、以上二つである。それぞれについてもう少し述べてみよう。

ある時、林学科の教授が集まった会議で、「最近の学生は授業への出席率が悪いので、出席率を上げるためにもう少し学生の関心を引くような魅力的な授業を考えてみてはどうか」という提案があった。それに対して、ある教授から「京都大学では、次世代の教授候補を養成すれば大学として安泰なので、授業に関心のない学生まで丁寧に教えることはない」という、何とも問題のある発言があり、結局議論は進まずにそのままになってしまった。

教授は教育者であるが、教員免許は不要である。また、教育方法を知らなくても教授になれるし、講習会などで授業方法を教わったこともない。また、学生が何に興味を持っているのかについても、あまり関心がない。教授は授業よりも研究に重点を置いているので、授業にエネルギーを注ぎたくないとの思いがある。その上に、上記のような考えであれば、授業の内容を改善しようというインセンティブが働かないのは当然である。

一方学生側からすると、授業に出ても面白くないし、出席をとられることも少ない。教授によっては、ボソボソとしゃべるのでよく聞き取れなかったり、難しい専門用語を連発するので授業内容がよくわからないとなれば、だんだんと授業に関心を持たなくなるのも当然である。

しかし教授としては、学生が単位不足で留年しても困る。ついついレポートを提出すれば単位を認めて卒業させてしまうが、それが学生を甘えさせてしまう。

このようなことが重なると、教育らしい教育はまともに受けずに卒業してしまう学生が多くなる。しかし社会に出ると、現実はそう甘くはないであろう。「京都大学出身だとは言っても、知識も何も身についていないではないか」となると、当然のことながら出世にかかわってくる。こうして社長になれる確率も下がるのであろう。

もうひとつは、京都大学の自由な雰囲気についてである。

先のゼミナールのところでも触れたように、そこでは自由な発言が許される。自由な雰囲気はゼミナールだけでなく、京都大学のキャンパス内や大学近辺にも満ち溢れている。その雰囲気にあこがれて京都大学に入ってくる学生もいるが、知らずに入ってきた学生もいったん大学に入学してしまうと、遅かれ早かれ自由な雰囲気に染まってしまう。

そのような学生が大学を卒業し、社会に出るとどうなるだろうか。取引先との大事な交渉で、思ったままをストレートに言えばどうなるだろうか。もちろん正論として受け入れられて、評価されることもあるだろうが、しかし、比較的老舗の大手企業であるとか官公庁では、まだまだ違和感を感じさせる場合も多いのではないだろうか。

だから、私が教授になってからは、研究室の忘年会などの席で、「大学では自由に発言してもよいけれど、社会に出てからは適当に慎むように」と注意したほどである。

しかし、そんな配慮も今後は不要かもしれない。自由な雰囲気は、自由な発想につながり、さらに独創的な研究やビジネスにも発展しうると考えれば、さほど悲観することもないのかもしれない、これからの社会では、むしろ歓迎されるかもしれない。

ところで、自由であることは、思いもよらない事態を招くこともある。

1969年ごろから始まった大学紛争に続いて、赤軍派を中心とする過激な動きが世界を驚かせた。

林学科の同級生に、大変おとなしくて純粋そのものの学生がいた。授業や実習にも真面目に出席していたが、ある時から、あまり大学に出てこなくなった。4年生の時、試験が近づいてきたころ、私に連絡があって、「岩井君、もうじき試験が始まるが、僕はほとんど授業に出ていないので、すまないけれども講義のノートを見せてくれないか」と。「いいよ、貸してあげるよ」と言って翌々日、数科目の講義ノートを彼に渡し、数日の間に返してもらった。しかし彼は試験は受けなかったようである。

その後は、留年をしていたようであるが、大学で彼を見かけたことはなかった。ところが1970年、日航機「よど号」のハイジャック事件が突如報道されて、私は度肝を抜かれた。テレビのニュースを見ていると、なんと彼がその実行犯の一人として映し出されていたのである。おとなしかった彼の性格と、実行犯としての彼の行動とを、どうしても結びつけることが出来なかった。

2年後輩で、私の研究室に所属していたA君も、大変誠実な性格の持ち主であった。毎日研究室に顔を出して、卒業論文の準備にもいそしんでいた。ところが彼もある日から研究室に顔を出さなくなってしまった。どうしたのかと心配していたところ、1年ほどしてから、京都の町中で偶然彼に出会った。彼に「いったいどうしているんだ」と尋ねると、それに対しては返事をせずに、次のようなことを聞いてきた。「岩井さんは、京都の北山に住んでいるので聞きたいのですが、山の中で鉄砲を撃つ練習をしても、周りに音が聞こえないような所はないですか?」と。それについて私は2~3質問をしてみたけれども、まともな返答はなかったので、怪しい話だと思い、私もあいまいに答えておいた。その後、彼には全く会わなくなった。

それから2~3年後の1972年、「あさま山荘事件」と言う、連合赤軍のメンバーによるとんでもない事件が起こった。国民誰もが目を凝らしてテレビを見ていた事件であったが、なんとA君が山荘に立てこもった一人だったのである。事件後、私の研究室の教授は、警察から「どのような教育をしていたのか」としつこく尋ねられたそうである。

京都大学の教官の間では、学生は自由にさせておけばよいという考え方があり、学生が大学に出てこなくなっても干渉はしない。しかし、そうした自由な雰囲気が、思いもよらない事態を招くこともあるのである。

私が大変お世話になったM先生は、京都大学では自由に振舞い自由に議論をする論客であった。

東京大学に異動した後、東大闘争の陰のブレーンになったとのうわさを聞いたことがあるが、本当かどうかは定かではない。しかし、あれほど頭の切れるM先生が、その後、東京大学の教授になれなかったのは、もしかしたらその自由さと関係があったのかもしれない。

第七節　研究室の懇親会

研究室では、忘年会や年度終わりの送別会などが開かれる。

大学院生が幹事となって、会場設定や会費徴収などの面倒を見てくれる。なべ物屋や中華料理店など、大学周辺の行きつけの店がいくつかあるので、その中から選んでの開催となる。会費は2000円程度で、酒代の一部は教授が負担することが多い。

宴会では全くの無礼講で、学生は教官に対して日常の思いをぶつけたりして、普段に比べてはるかに打ち解けた雰囲気となる。

もちろん二次会に出かけることもあり、その際は教授が店選びや費用の面倒を見ることも多い。その意味では、一般の会社の宴会とよく似ているのではないかと思う。

ただ、こんなことがあった。

忘年会の後、学生を7~8人連れて二次会に出かけた。カラオケなどをして2時間ほどスナックで楽しんだ後、当然のこととして私が支払いを済ませた。ところが翌日研究室で会っても、昨夜おごってもらった礼を言う学生は半数しかいない。次の送別会でも同様であったので、嫌な事ではあるが、学生諸君のためだと思って敢えて言った。「ちょっと嫌味を言うようだが」と前置きして、「君たちは、昨日の二次会でおごってもらったんだから、一言礼を言うべきだと思うよ。これから社会に出ても心するように」と。

今でもそのような学生がやはり一部にいると聞く。こうした礼儀は、大学で教えるようなことではなく、むしろ親が家庭でおこなう躾の一つだと思う。

少し話はそれるが、こんなこともあった。

私が卒業論文を指導していた4年生の学生は、それまでは毎日大学に出て来ていたのであるが、ある日から突然顔を見せなくなった。アルバイトが忙しいのだろうと思っていると、実家のお母さんから電話がかかってきた。何事かと思って出ると、「先生にお世話になっております、4年生のSの母親でございます。実は1週間前から、息子の下宿に電話をしているのですが、一向に連絡が取れなくて、大変心配しております。そこで、大変申し訳ございませんが、先生に御足労いただいて、一度下宿を訪ねてやっていただけないでしょうか」と。

大変驚いて、すぐに大学近くの下宿に駆けつけてみると、彼は、カーテンを下ろした薄暗い部屋に、明かりもつけずにじっと座っていた。「どうしたのだ」と尋ねると、「この間から、急に大学に行けなくなりました。行かなければと思うのですが、何故か、どうしてもドアの外に出られないのです」と言う。

当時はまだ、「引きこもり」という言葉はそれほど一般的ではなかったが、とっさにそれに違いないと思った。医者をしている友人に相談したところ、一度酒を飲みに連れ出してやればどうかという事になって、ある日、S君を夕食に誘って一緒に居酒屋で酒を飲んだ。馬鹿なことやプライバシーに関して2時間ほど話して、彼も上機嫌になったところで、彼を下宿まで送っていった。

するとS君は2~3日後には研究室に現れ、晴れやかな顔をして、「先日は有難うございました。おかげ様で大学に来られるようになりました」と言うではないか。

不思議なこともあるものだと思ったが、結果が上々でホッとした。

それ以降、他の学生が少しでも落ち込むと、その特効薬だと信じて居酒屋に誘う事にしたが、効き目は十分のようであった。

第二章　研究について

さて、これまで何度も「研究」という言葉を使ってきたが、それでは研究とはどのようなことをするのであろうか。

第一節　研究とは何か

広辞苑を引いてみると、「よく調べ、考えて真理を究めること」とあるが、これだけでは余りにも抽象的でピンとこない。中学生のころ、国語の試験のために、このような熟語の意味を丸暗記をしたことを思い出す。

例えば、新型コロナウイルスのような新しいウイルスが出てきて、感染が拡大している場合、これに対処していくには、新型コロナウイルスの本質を知らなければならない。顕微鏡レベル、遺伝子レベル、分子レベルで分析してその実態に迫らなければならない。ウイルスの一種であるから、もちろん既存のウイルスについても一通り知っていなければならないので、既存の文献つまり、専門書や論文を読む必要がある。この部分は「文献研究」と言ってよい。

しかしそれ以上のことは新たに実験を行わなければならない。新型コロナウイルスの構造や、行動様式、それに人間への感染メカニズムなどについて、最新の設備や装置を用いての分析が必要であろう。この部分は「実験研究」と言ってよい。

ところが、新型コロナウイルスの起源については、コウモリが起源なのかその他の動物が起源なのかはよくわかっていない。それを調べるには森林や原野での野外調査が必要であり、生物間のウイルスの動きも追求しなければならない。実験室の中で行うのとは違って、自然の中で行わなければならない。このような屋外での調査研究は現場に出かけていくので、「フィールド研究」である。

以上のことから、私たち人類が新型コロナウイルスと戦い防御態勢を確立しようと思えば、実験室の中での実験研究だけでなく、文献研究もフィールド研究も合わせて行わなければならない。

一方、経済史の研究で、今仮に「江戸時代における養蚕・製糸産業繁栄のメカニズム―K村落の場合」という研究テーマを設定したとすると、研究を進めるには次のプロセスが必要である。

まず、江戸時代における一般的な村落の構造や経済状況、それに養蚕や製糸についての知識と理解が必要である。

次に対象となるK村落の江戸時代の状況を知るには、村落及び周辺地域の「村史」や「郡史」の類を読む必要があろう。

しかしそこには、養蚕や製糸については、ほんの数ページしか書かれていないのが普通である。このような資料だけではとてもデータとしては足りないので、今までに知られていない新しい資料を発掘する必要がある。かつての村落の庄屋であるとか、養蚕業や製糸業を営んでいた農家や商家に聞き取り調査に入り、その上で、江戸時代の取引に関する台帳や古文書を見せてもらわねばならない。また古文書の内容を理解するには、それを解読する技術も持っていなければならない。

従ってこの研究の場合は、文献研究とフィールド研究とが必要になるが、実験研究はない。養蚕業や製糸業が繁栄した要因とその仕組みが明らかになれば、新しい知見が得られて、日本経済史の分野に貢献できたことになる。

以上のように、新型コロナウイルスの研究にしても江戸時代の研究にしても、いずれもターゲットにしているものは、未知の世界であり、垂れ幕がかかっていて内部の様子は外からは全く見えない。しかしよく調べて工夫を重ねれば、その真実をつかみ取ることができる。未知の世界の仕組みを明らかにすることで、新しい知見が得られる、これが研究である。

第二節　研究の方法

一般に研究者は、特定の研究目的を持った研究機関やプロジェクトに属していない限り、研究テーマや研究方法については、自らの関心や興味に応じて自由に設定することができるし、時間の使い方も自由である。昼間にエンジンがかからなければ、夜中に集中して研究室で研究することも自由にできる。自分のするべき仕事を自分の裁量で行えるという点では自由度が大きく、一見、会社勤めのサラリーマンよりも楽な職業のようにも思われる。しかし、研究者は自らの裁量に任される分だけセルフコントロールして研究を持続・発展させていかなければならないし、後述するように、その研究結果については研究者自身が責任を持たねばならないという点で、サラリーマンよりも厳しい職業であると言える。

そして、新しい知見を得ることは並大抵ではない、大変なエネルギーと時間が必要である。テーマにもよるし、得られるデータの多少や研究者の力量にもよるが、数か月のこともあれば数年もの長い年月がかかることもあろう。

では、どのような方法でその様な知見が得られるのか、それがここでの課題である。私の経験をもとにして、より具体的に述べてみよう。

一般に、研究者の研究方向としては、ひとつの分野に絞って深く掘り下げていく方向もあるが、それとは対照的に、分野を可能な限り広く網羅して多面的に研究していく方向もある。私の場合は後者である。

私の研究分野は、一言で言えば森林経済・林業経済であり、森林・林業に関する社会経済的な側面を取り扱う。林業とは、もっとも狭義には山林経営であるが、広義には木材の伐採搬出過程、流通過程、加工過程までを含めて「林業」と呼ぶこともある。私はそのすべてを対象にしてきただけでなく、さらに木材輸入、住宅産業、内装産業、紙・パルプ産業、海外林業、山村問題、山村ツーリズム、竹産業と、森林や木材に関連する多様な分野に拡大してきた。

その理由は3つある。

1つは、自分の性格上、特定の分野に集中するのは不得意であること、2つは、多様なことに取り組む方が、研究として楽しいこと、3つめは、どのような研究をする場合でも、多くの引き出しを持っていた方が多角的な考察が可能となり、メリットが大きい、と考えたからである。

そして研究方法としては、文献研究とフィールド研究であった。

研究の成果は研究論文として発表したり、さらに書籍として出版するが、まず、論文を作成することが研究者にとっては最も重要な責務である。

従って、次に論文はどのように作っていくのかについて、具体的な例を挙げながら述べていきたい。

第三節　論文の作成方法

いま仮に、研究目的を「平成期においてB地域の製材業が他地域に比べて飛躍的に発展した。その発展の要因は何であったか」を解明することとする。そして、予備調査から、このB地域では従来、木材は山林所有者→製材工場→都市材木問屋→工務店へと流通していたとする。

この研究を進めていくにあたっては、次のような①から⑥までの段階が必要である。

① 既存の研究の理解、つまり既にほかの地域で行われた類似の調査・研究について文献によって理解を深める（文献研究）

② B地域の林業や木材生産の歴史の文献、過去の林業や木材生産の調査報告書、林業統計、その他木材に関する統計の収集（文献研究）

③ B地域とそれに関連する地域での個別聞き取り調査・

木材の生産流通を担う各主体（製材工場、山林所有者、都市材木問屋、工務店）を対象にして、聞き取り調査と売上帳などのデータ収集を行う（フィールド調査）

④　データの整理：カードづくり

⑤　統合化と理論化：カードのグループ化と仮説づくり

⑥　論文の文章化

次に、上記の主な部分について、段階に従って具体的に述べていく。

○第一段階　データの収集

データの収集としては、前述の①②③のすべてが相当するが、ここでは特に③について述べていく。

実験などでデータを集めるのと同じように、当研究においてもデータを集めなければならない。対象としては、林業や木材関係の仕事に従事する人達や会社が中心になるので、現場に出かけてそれぞれのビジネスの内容について聞き取り調査をする。

初めて調査研究をする地域なので、本調査の前に予備調査に入る。

一般的には、その地域が属する府県庁や町役場・森林組合・製材業協同組合等を訪れて、地域の概要を把握し、地域の産業に関する統計資料や文献を見せてもらい、必要であればコピーをする。この予備調査には通常2日ほどかかる。

それが終わってから、まず、聞き取り調査対象となる製材工場を選んで、同時に依頼を行うが、依頼方法については大きく分けて2つある。府県や森林組合、製材業の組合などを通じて依頼をする場合と、研究者自身が直接調査対象者に連絡をして依頼する場合である。一般的には府県や組合を通じて依頼してもらうケースの方が多く、その時には調査の趣旨を伝えて、調査日時の設定もお願いする。

その時調査対象をどのように選ぶかが問題となる。当該地域に製材工場が20工場あったとしたら、理想的には全数調査であるが、時間と経費の都合もあるので一般的には抽出調査となる。例えば、工場の規模によって大中小と分けて、それぞれから4工場ずつ、合計12工場を選択する。その他に、特色ある工場が2工場存在すれば、その2工場を追加するのも一つの方法である。

このように、いくつかある工場のうち、1工場だけでなく、複数の工場を対象にするのは、特定の工場に偏る危険をなくして、可能な限り地域全体の状況を捉えようとするためである。

聞き取り調査の時間は、1工場当たり2時間程度に抑えることが望ましい。2時間程度であれば、工場業務に対して大きな迷惑をかけないであろうと思われるからである。聞き取り調査は1日当たり2工場とすると、12工場だと1週間近くかかる。

どうしても20工場すべてを調査したいと思えば、アンケート調査でカバーする方法もあるが、アンケート調査の場合は、聞き取り調査ほどの濃密な調査はできない。聞き取り調査であれば、例えば、返答内容についてその場で再確認したり新しい事実を知った時に、更にそれについて詳しく聞いていくことも可能だからである。

ここまでが聞き取り調査の準備段階で、次に内作業として聞き取り調査の調査表作成がある。製材工場に対してどのような調査項目を設定するかであるが、いうまでもなく当該研究の目的に沿った項目でなければならない。つまり、目的は「平成期において、当地域の製材工場が飛躍的に発展したその要因」を解明することであるから、その解明につながるための項目設定が必要である。

飛躍的に発展した時期を平成10年代のことであったとすると、発展をする前の平成初期の時期と、発展を遂げた平成20年頃との2つの時期に分けてその間の経営変化について把握する必要がある。

経営についてどのような項目を質問するかであるが、まず会社概要として、住所、経営者名、年齢それに会社創業以来の簡単な歴史を聞いたうえで、上記の2つのそれぞれの時期について、年間売上額、年間木材消費量（製材用の丸太をいくら消費するか）、年間純利益、労働者雇用人数と年齢構成、製材工場敷地面積、製材機械の種類と数、その他の主たる機械設備、丸太土場面積、木材乾燥機の種類などを聞いていく。その上で、さらに、製材工場の原材料となる丸太の種類・仕入れ先・仕入れ方法、製材品の加工方法・種類・価格・販売先に重点を置いて聞き取っていく。

製材の原材料となる丸太については、聞き取り項目を列挙すると煩雑になりわかりにくくなるので、簡単な例を挙げてみよう。当工場が、どんな樹種（スギ・ヒノキ・広葉樹など）の丸太を、どのような山林所有者から仕入れているか、また仕入れ先によって仕入れ量や丸太の質的な差があるのかどうかを知ることが大切である。つまり、例えば平成初期には、比較的小規模な山林所有者から、樹齢が低くて低品質のスギ丸太を仕入れていたが、平成20年ごろには、規模の大きい山林所有者から、樹齢の高い高品質のスギ丸太を中心に仕入れるようになったこと等が分かればよい。

次に、当工場で生産する製材品の種類と加工方法についての項目である。

例えば、平成初期には、製材品としては節の多いスギの屋根板が中心であり、東京の木材問屋に販売していた。ところが、平成20年ごろには、節の少ない内装材が中心となり、販売先も変化したという事がわかればよい。


最後に、経営上苦心している点や新しい経営戦略などについてランダムに聞いて、今までの質問項目と合わせて当工場の特徴をつかもうと努力することが大切である。

その他、各質問項目について聞き取っている中で、何か気にかかる事や知らない事実、それにとても面白そうな話が出てきた時には、質問項目にないからといって聞き流すのではなく、できるだけ時間を割いて深掘りしながら聞いてみることが大切である。そのような中から、経営としての特徴、思いがけない経営戦略、地域としての特徴などが明らかになってくることも少なくない。これこそが、アンケート調査では経験できない聞き取り調査の醍醐味であり、研究者としての関心や視野を広げるきっかけともなる。

聞き取りの中で、「隣村には新しい経営をしている人がいる」という話があったとしよう。

「ああそうなんですか」と言うさりげない返事をしてそれ以上の質問をしなければ、それでおしまいである。しかし、さらにそこで「それは面白い経営ですね、一度その経営者にもお会いして話を聞いてみたいですね、ご紹介いただけますか」と話を展開すれば、次の新しい段階へとつながっていく可能性もある。そのように、人と人との関係を広げていくことも研究者としては大切である。

聞き取り調査の後には、必ず製材工場を見学させてもらい、現場の知識を吸収するとともに工場のイメージを頭に入れておく。

なお、この聞き取り調査は一度で済まない場合がある。聞き漏らしに気づいたり、新たに聞きたい項目が出てきた時には、追加の聞き取り調査をしなければならない。わずかの聞き漏らしであれば、電話やメールでの補充でも構わない。

製材工場

以上は、1製材工場に関する聞き取り調査であるが、同様の調査を残りのの製材工場についても行わなければならない。この11工場については、最初の工場とはかなり経営状況が異なるかもしれない。

例えば、平成10年代を境にして、スギではなくて、ヒノキや広葉樹の比較的良質の製材品加工をしている例も出て来た。販売先は東京が中心であるが、関東の大手高級住宅メーカーに直接販売する工場が増えてきた。そうすると、さらにその大手高級住宅メーカーを訪問して聞き取り調査をする必要が出て来るだろう。

ただその段階では、まだ真実は見えてこず、混とんとしている。しかし、後に述べるカード方式を用いて考察を進めていくと、その他の聞き取りの項目から、次第に見えてくるものがある。例えば、「もしかしたら、この地域の製材工場は、平成初期には低級材を加工していたが、平成20年ごろには、高級材を中心に加工するようになった、つまり、この地域の製材工場は、建築用の高級材を志向するようになったのでは」と推測できるようになる。

最初にも述べたように、製材業者の上流に位置する山林所有者や下流に位置する都市木材問屋や工務店や住宅メーカーに関しても、同じような聞き取り調査を行う。もちろん業種がまったく異なるので、聞き取る項目は大きく異なるし、聞き取り対象となる対象数は、製材工場数よりも少なくてもいいが、「この地域の製材工場が発展しえた要因を探るため」に必要と思われる項目を設定して、聞き取り調査をしなければならない。
都市材木問屋に対する調査では、建築木材の量的質的な需要動向、工務店や住宅メーカーに対しては住宅建築に関する施主の嗜好動向や販売戦略などを中心に聞き取っていく。というのは、製材業の経営は、製材品の需要によって最も大きく左右されると考えられるからである。

従って、時によっては、調査の対象になる工場や会社数は合計で数十になる可能性がある。

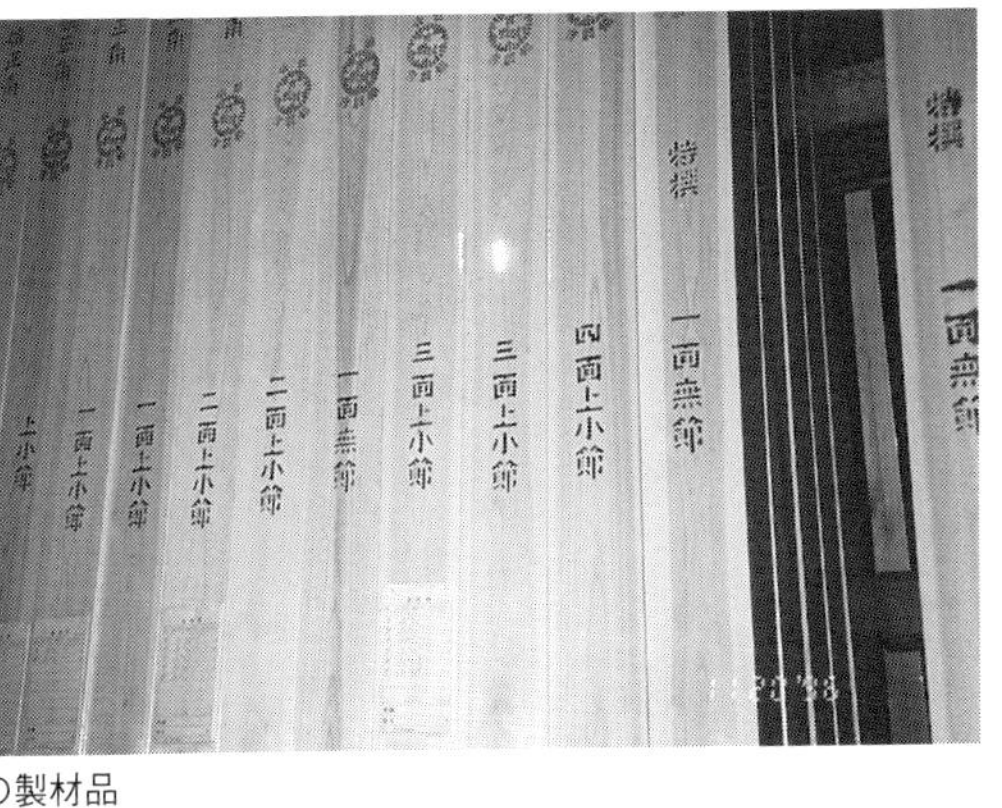

良質の製材品

以上のように、聞き取り調査は、基本的には調査票を作ってそれに従って順番に聞いていくが、しかし慣れてくると、調査票を作らなくてもフリーハンドで行えるようになる。メモノートと筆記用具で事足りるが、いわば会話を記録していくのであるから、速記術を心得ていない限りすべての会話を記入するのは不可能である。だから、自分なりの短いメモを書くが、メモだとどうしても字が雑になって読みにくい。そこで、聞き取り調査をした後、記憶の新鮮なうちに清書を行う。できれば、聞き取り調査を行ったその日の夜に、新しいノートを準備して、メモとその時の記憶をたどりつつ文章も交えながら清書するのがよい。こうして保存しておけば、その後、何年経ってもその時の聞き取り調査内容を確認できる。

私は今まで国の内外を含めて数千人の聞き取り調査を行ってきたが、その聞き取り調査記録ノートは100冊以上に及ぶ。聞き取り調査を中心としたデータ収集が完了すれば、これで論文作成の4合目まで到達したといってよい。

ここで、聞き取り調査において心得なければならないことについて付け加えておきたい。聞き取り調査をされる側に立ってみると、2時間も時間拘束をされた上に企業秘密やプライバシーにもかかわるようなことまで質問されて、それに答えなければならない。それにもかかわらず「大学の研究のためなら」という事で協力してもらっているのである。

したがって、まず個人や会社が特定できるような事柄を外部に漏らさないことである。それは職業上、知り得た秘密を守ることである。もし公表したい場合は、当事者の了解を得なければならない。

さらに、少なくとも協力に対する謝意を表すことは研究者の礼儀であろう。私は聞き取りに訪問する時は、タオル1本程度ではあるが粗品を持参するし、聞き取り調査が終われば必ず礼

筆者の聞き取り調査ノート

状の手紙を出す。また、本研究に関する本を出版すれば、特にお世話になった人達に必ず贈呈することにしている。

以前私が大学生であったころ、ある大学の先生が山林所有者の聞き取り調査にやってきて、父が長時間対応していた。しかし、調査が終わった後も何の御礼の手紙もなかったので、父がえらく憤慨していたのを思い出す。「礼状の一つも来ないな。大学の先生と言うのはなんと礼儀知らずなんや」と。

それは学生の論文の聞き取り調査であっても全く同じことである。

一昨年、東京の大学院生が私の家に林業経営について、数時間にわたる聞き取り調査にやってきたが、何の礼状もなかった。それはその学生だけが悪いのではなくて、彼を指導している教官も悪いのである。礼儀についての指導をしていないか、もしくは教官自身が礼儀を知らないかのどちらかである。

「お世話になった時には御礼を述べる」という一般社会の常識を知らないと恥をかくことになるので、教官としてそのような事も十分に心得ておかなければならない。

最後にもう一つ、聞き取り調査でこんなことがあった。あらかじめ聞き取り調査についての協力依頼をしたうえで、約束の時間にある個人商店に聞き取り調査に行ったところ、70歳くらいの店主の父親が対応してくれた。答えてもらった回答をノートにメモしながら調査は順調に進んでいたのであるが、30分ほどすると息子さんが帰ってきた。「何をしているのか」と尋ねられたので、調査の目的を説明したところ、「そんな企業秘密を知られてたまるか」と言うと同時に、私のノートを取り上げて記帳したページを破ってしまったのである。今まで経験したことのない事態になったので、私も動転してしまったが、とにかくこの場を収めなければと思い、平謝りに謝って何とか退去した。

調査依頼が十分に伝わっていなかったのか、息子さんの虫の居所が悪かったのかはわからないが、こんなことは後にも先にも経験したことがなかった。しかし、一般の会社業務の中ではそのようなトラブルも時にはあるのだろうと思う。

○第二段階　データの整理：カードづくり

調査データは集まったが、目の前には、文献や統計書、それに今回の聞き取り調査データを記録したノートがあるだけである。それら資料、特にノートに記録されたデータをどのように利用していくかが、当研究を進める上で最も重要な部分である。

年間売上高、製材生産量、販売先などを取り上げて各工場の一覧表を作ってみるのも大切だ。しかし全体把握をするには役立つであろうが、それ以上には何も出てこない。

調査対象となった工場を生産規模別に並べて、それぞれの販売量や加工製材品などの表を作成するのも必要であるが、それだけでは単なるレポートとそれほど変わらない。

ではどのようにして作業を進めて行けばよいのだろうか。

統計手法を用いた方法であるとか、数理的な解析方法などもあるが、今回のような製材業の発展に関するような研究ではあまり有効ではない。というのは、質的データが圧倒的に多くて、統計や数理的分析に必要な数量的なデータがほとんどないからである。

従って、このように質的データが膨大に存在する場合に有効だと思われるのが、M先生が教えてくれたカード方式によるＫＪ法である。

その詳細な方法は、川喜田二郎氏の著書「発想法」に書いてあるが、初めての人にとっては複雑で、にわかには理解しにくい。ここでは経験をもとにして、私なりに単純化して説明したいと思うが、それでも限界があることをご了解いただきたい。

平成初期と平成20年頃の、2期にわたる聞き取り調査内容をまとめたノートから、12の製材工場に関して重要だと思われる項目、事実、数字などと、それに関連する文献や統計数字などを小さいカードにひとつずつ書き込んでいく（このカードは、よく英単語を覚える際に用いられる束になったカードでよい）。あまり多くのカードになってしまうと処理できなくなるので、多くても全部で数百枚程度が適当であろう。

○第三段階　統合化と理論化：カードのグループ化と仮説づくり

上記のカードを1枚1枚広めのテーブルの上に並べていくが、その過程でそのカードを小さいグループに分けていく。

では、小グループをどのようにして作るか。2期にわたる製材工場の状況と変化について、何でもいいのでよく似ているとか、なんとなく関係がありそうだと思えるカードをひとまとまりにして小グループにまとめていく（口絵ⅴページ参照）。こうして机の上に、例えば数十の小グループが出来てくるが、今度は、それぞれの小グループにふさわしい名前を付けて、用意した新しいカードに赤字で書き込んでいく。この作業をすべての小グループについて行う。その作業が終わった段階で、次に赤字で書いた小グループ名だけをそのまま大きめのコピー用紙に手書きで写し取って1つの図を作る。

次に、コピー紙に書いた小グループ間の相互関係を考察していく。例えば、因果関係にあるのか、時間的な移行関係にあるのか、はたまた包含関係にあるのかなど「ああでもない、こうでもない」と考え、その関係や新たに考えついた言葉を筆記具で、一方矢印や二方矢印、二重矢印や丸囲み等、自分なりの記号や色を用いて図に書き入れていく（口絵viページ参照）。

そして同じような手法で、その赤字カードや新たに追加した言葉を中グループにまとめて相互関係を考察する、さらに必要であれば大グループにまとめていく。

カードを分類して小グループ↓中グループ↓大グループと進むのは、聞き取り調査から得られた多くのデータを、相互関係を考えながら統合していくプロセスであるが、それは同時に、各グループがどのような仕組みの下にあるのかを考察しているのである。換言すると、各グループを関係づけている、陰の力を探しているのである。そして、「このような要因で発展したのかもしれない、このようなグループの関係が、発展を支えているのかもしれない」という、仮説を立ててみる。いわばここでは小さな仮説を立てようとしているのであり、その小仮説を図の中にメモ形式で書き込んでいく。その要因も一つではなくて、複数あって相互に絡み合っているかもしれない。この思考プロセスは、研究者にとっては試行錯誤の繰り返しである。正に、コピー紙に書いた相互関係図とにらめっこしながらの苦悩の連続であるが、実はこの思考過程がとても重要であり、これによって論文の良し悪しが決まるといってよい。

一つの小仮説で説明できなければ、それは諦めて新たな小仮説を作らねばならない。いつまでも一つの仮説にこだわっていると、展望が開けてこない。せっかく作った仮説だからもったいないとは思っても、ダメなときは勇気をもって切り捨てなければならない。「急がば回れ」である。

小仮説がうまく行かなくても心配はいらない。他のところの小グループで考察している時に、ふと、いいアイディアが浮かんでくることもある。

例えば、先に述べた「もしかしたら、この地域の製材工場は、平成初期には低級材を加工していたが、平成20年ごろには、高級材を中心に加工するようになった、つまり、この地域の製材工場は、建築用の高級材を志向するようになったのでは」と見えてくるのは、この小グループや中グループの相互関係を検討している段階であろう。

こうして、ここでは製材工場の発展を促してきた、目に見えない裏の仕組みを探ろうとしているのである。

なおここまでは、製材工場についてのみ述べてきたが、それに続いて山林所有者、都市材木問屋、工務店や大手住宅メーカーについても同様に2期に分けてカードを作って、小グループ→中グループ→大グループに統合しながら、製材業の外側から、製材業の発展を支えた要因を考察していく。

例えば、平成の時期に入ると、建築需要としては、高級材嗜好が始まったこと、一方、山林所有者の聞き取り調査からすると、当地域の大規模の山林所有者は早くから林業を行い、育林技術水準も高かったことなどが明らかになってくるかもしれない。

最後に、山林所有者、製材工場、都市木材問屋、工務店4者の相互関係を検討して、全体の統合化を試みる、つまり全体を通じた仮説、いわば全体仮説を作り上げていく。

さらにつけ加えておくと、全体仮説とは「上流下流をも含め総合的な視点に立って、製材業の発展を論理的にうまく説明できるストーリー」である。

例えば、次のような全体仮説が出来上がる。「当地域の大規模の山林所有者は、明治期に養蚕業で蓄えた資本を山林取得に振り向けて、林業を新たに拡大した。その上に、戦後昭和30年代に良質材の生産を目指して枝打ちを盛んに行った結果、節の少ない良質材が資源として多く存在していた。一方、当地域の製材工場は、古くより、東京の大手木材問屋と直接取引していた関係で、木材需要に関する新しい情報を入手しやすい立場にあった。平成期に入ると、高級住宅市場が拡大し、そこでは、従来からの工務店ではなくて、大手高級住宅メーカーが飛躍的にシェアーを伸ばし、高級材の重要が急増した。そのような情報をいち早く入手して、大手高級住宅メーカーとの直接取引を開始したのが、当地域の製材工場であった。そのような取引を可能としたのは、地元に存在した、節の少ない良質の森林資源であり、製材工場は、それを利用することで、高級製材品の加工・供給が可能となって、他産地には見られない発展を実現したのである。平成期において我が国では、森林資源的に見ても、そのような需要に対応できる林業地域はごく限られていたのである」と。

こうした全体を通じての全体仮説が出来て、それが今までに集めたデータと整合性があることが確認できれば、しめたものである。そして、次の第四段階で述べるように、誰が見てももっともらしく論理的に説明できれば、研究は完成したといってよい。この時こそが、研究者の至福の時である。

もしかしたらそれは、山登りで苦労して登頂に成功した時の気持ちと同じかもしれない。

先にも述べたように、このＫＪ法を文字や文章で伝えるのはとても難しい。巷間、企業の社員研修などでこのKJ法の講習会が行われているように、講師の先生に数時間かけて指導してもらい、実体験しながら進めていくのがよいかもしれない。言うなれば、職人技の伝授に近い。

仮説づくりについては、私自身にも次のような苦労した経験が数多くある。

仮説を求めている時は、寝ても覚めても、ベッドに入ってもトイレに入っても考えている。この時が最も苦しい。ある日、ベッドに入って眠ろうとしていたら、ふとアイデアを思いついた。「こう考えてみたらどうだろう」と思いついたら、すぐに起きてメモ用紙を取りに行って走り書きしておく。あくる朝起きてそのアイディアを当てはめて、仮説を試みたがうまく行かない。

次の夜は、枕元にメモ帳と鉛筆を置いて床に就く。また新しいアイディアを思いついたのでメモをする。再びその仮説をあてはめてみると、今度は何と上手く説明できるではないか。

一瞬の「ひらめき」が研究を推し進めるのである。

比較するのはおこがましいけれど、次のようなエピソードもある。

アルキメデスが「アルキメデスの原理」を思い付いた時も、同じだったのではないだろうか。アルキメデスの原理は、「液体中の物体は、その物体が押しのける液体の重さと同じだけの浮力を受ける」というものであるが、アルキメデスはその原理を見つけるために寝ても覚めても一心に考えていたに違いない。ところがある夜、自分が風呂に入って体がフッと浮き上がった瞬間にひらめいて、その原理をとっさに思い付いたのである。

「ひらめき」は寝ても覚めても一心不乱に考える中から、突然にフッと生まれてくるのだ。

○第四段階　理論の文章化

こうして製材業発展の仕組みが解明できた。あとは論文として文章化すれば完成である。例え小さな論文であっても、それは自らが作り出した「創造」なのである。しかし文章化については、今まで考えてきた過程、つまり思考過程をそのまま文章にしても、初めて読む人にとっては何のことか理解できない。だから読み手にとってわかりやすいように、起承転結からなる文章で表現しなければならない。

文章化の途中でふと論理的な飛躍を感じることがあるが、その時は立ち止まって論理の修正やエビデンスの補充も考えなければならない。

逆に、書いている途中で今までよりもさらに素晴らしいアイディアを思いつくこともある。その場合は、論文をさらにグレードアップすべく、一部構成を変更しなければならないが、今度はとても心弾む作業となる。

こうして試行錯誤と紆余曲折を繰り返しつつも、最終的には次のように評価される論文に仕上がれば大成功である。「製材業の発展のメカニズムについて、客観的・論理的によく説明されている。そのメカニズムは、今まで誰も考え及ばなかったことだ」と。また、聞き取りを行った製材工場の経営者からは「そんなことは今まで気づかなかったが、そのように考えると納得がいくね」と言ってもらえれば最高である。

ただ、私も多くの論文を書いてきたが、自分なりに切れ味のいい優れた論文が書けたと誇れるのは、10パーセント程度でしかない。思い起こせば、研究者仲間でそのような成功率の話をしたことはまったくないが、それも不思議な事である。また研究の手法としてはＫＪ法以外にもいろいろな手法があると思うが、どのような手法が優れているのかや、ある手法の長所短所などについても議論したことがない。考えてみればそのような議論は、研究者にとっては優れた論文を書くための最重要事項と思うのだが、何故議論してこなかったのだろうか。

機会を見つけて、昔の仲間と話題にしてみたいと思う。

第四節　論文の種類

さて、これまで本書において、論文についてはいろいろな言い方をしてきた。

私が4年生のときに作成した「卒業論文」、修士課程の「修士論文」、学会誌に投稿して掲載された「学術論文」、私の同級生が会社の研修会で作成した「小論文」、更に上記第三節の論文の書き方のところで述べた「論文」である。

更に後で述べる、博士号を取得するために提出する「博士論文」や大学教官として昇進する際に必要な「業績としての論文」のような言い方もある。また、大学によっては入試に「小論文」というのがある。

これだけ沢山の論文があると、読者は何がどのように違うのか混乱してしまうであろう。そこで、少し交通整理をしておきたいと思う。

広辞苑で調べてみると、論文とはまず第1に、『論議する文』とあり、第2に『研究の業績や結果を記した文』とある。

上記のいろいろな論文をこの基準に従って区分すると、第1の『論議する文』に相当するのが「小論文」である。例えば、会社の研修会や大学入試の小論文は、「○○について考えるところを述べよ」といった課題が与えられて、短時間の間に作成する論文であり、作成にあたって、いろいろなデータを集めて分析検討するという研究の過程を経てはいない。

次に、第二の『研究の業績や結果を記した文』に相当するのが、上記の「卒業論文」、「修士論文」「学術論文」、論文の書き方のところで述べた「論文」、「博士論文」、「業績としての論文」である。何故なら、これらはいずれも研究の過程を経て作成されたからである。

しかし厳密に言うと、さらに、この第2の中で2つに分けることができる。

つまり、厳格な論文審査が行われた上で学術誌に掲載された論文と、そうでない論文である。前者が「学術論文」である。

この「学術論文」は、○○学会の覆面の審査員数名によって学会誌に掲載するに値するかどうかが審査され、パスしたものである。これは、研究者や大学教官として、就職したり昇進したりするにあたって、最も重視される「業績としての論文」としても扱われる。

その点からすると、あとの「卒業論文」、「修士論文」、論文の書き方のところで述べた「論文」、「博士論文」は、「学術論文」とは言えない。こうした論文は学会誌に掲載された場合、そこで初めて「学術論文」となる。ただし「博士論文」は長文にわたるため、学会誌に掲載されることはほとんどない。

ところで、「博士論文」は、それが博士号を与えるに値するかどうかは当該大学内で審査されるが、審査の前提として、その博士論文を構成する内容の一部がすでに学会誌に数回掲載されて、数篇の「学術論文」として認められていることが必要である。

それゆえ「博士論文」は、業績にこそならないが、研究者にとって論文作成方法に習熟するとともに、業績を蓄積していく上で大変重要な役割を果たすのである。

第五節　研究費の捻出

教授をはじめとする教官の給料は、直接大学当局から支払われるが、研究室のその他の経費は研究室に割り当てられた費用の中から支出される。機械やパソコンなどの備品費、実験用具や薬品代、図書購入費、文具代、それに旅費などがその対象になる。私達の研究室は実験をしないが、文献研究のために大量の書籍を購入する。しかし、旅費の使用は支出規約のために極めて限られているので、せいぜい1年間に何回かある学会出席費用程度である。

従って、研究のためにデータを集めたり、聞き取り調査のために遠隔地に泊りがけで出かけるような費用まではとても賄いきれない。それではこうした旅費はどのようにして捻出するのか。

一般的には、次のように3つの方法がある。

①　文科省の科学研究費助成
②　その他政府系や民間団体からの研究費助成
③　受託調査の引き受け

②については、自然科学分野の研究助成が中心であったため、私達の研究で捻出できたのは、主に①と③である。

まず、①の科学研究助成は、文部科学省からの研究助成であって、大学や研究所の研究者が研究目的と研究方法を明記して研究費を申請し、審査の結果認められて交付される。

研究者個人での申請とグループによる共同申請の形があり、実験中心の研究、旅費が中心の研究もあるし、さらに国内だけでなく海外を対象にする研究もある。助成額としても数十万円の小規模のものから1億円以上の大規模のものまである。研究期間は1年から数年間で、認められる費用項目も巨大な実験装置から、文献購入費、雇用人件費、旅費などと多様である。

私達のような場合は、聞き取り調査が中心となるので旅費などの助成は大変ありがたい。

私が助手になって以来、研究室で共同研究として交付が認められたのは、国内を対象としたのが約10件、海外が2件であった。その都度、研究室内のメンバーはもちろん、他大学の研究者にも協力してもらって調査研究を行うが、特に若手の助手クラスの研究者にとっては、研究の場を経験するいい機会であるし業績としての論文作りの場ともなる。私も助手時代に国内調査に何度も加えてもらって大変いい経験になった。

また第三章でもふれるように、講師時代に北アメリカの研究に加えてもらったことは、それ以降、外国研究に深くかかわるきっかけとなった。教授時代には、従来の研究領域からさらに森林レクリエーションやグリーンツーリズム分野へと研究領域を拡大し、国内と海外の両方の助成が受けられたが、これらについては改めて述べたい。

次に③の受託調査について述べてみよう。

受託とは、学外の諸団体から調査研究を委託されることである。例えば林野当局の外郭団体から受けるケースである。

林野当局は林業政策を推進するにあたって、林業の実態把握のために、外郭団体を通じて大学や研究機関に調査を委託するケースが多い。例えば、「〇〇地域における林業経営の実態」というテーマで、調査費100万円で現地調査を依頼されるとする。旅費としても自由に使えるので、大学院生を手伝いとして連れて行ったり、4年生の卒業論文作成の場として利用したりもできる。教官にとっても現地の情報を得たり、実態を知るためのいい機会となるので積極的に引き受ける。

なおこうした受託調査では、余った費用を積み立てておいて学生の論文作成の調査旅費に充てたり、専門書を出版する際の費用に充てるケースもあった。

大学院生の時、徳島県から研究室に「徳島県林業史」を作成してほしいとの依頼があった。研究室の教官5名と大学院生3名とでグループを組み、2年がかりで現地調査を行い、数百ページに及ぶ立派な林業史を完成させた。私も参加させてもらい一部を担当し、それを中心にして修士論文を作成した。担当したのは徳島県勝浦川流域であり、その最上流部の上勝町でも聞き取り調査を行った。上勝町は最近、料理用の葉っぱ生産で地域おこしに成功しているところであるが、当時は、まだそのような産業は全く芽生えていなかった。

また助手時代には、静岡県の山林所有者の団体から「山林相続税によって山林所有者が大きな打撃を受けて、経営の危機に立たされる例が多いが、その問題点を提起してほしい」という依頼が来た。静岡県下の相続を経験した山林所有者を訪れて、2年がかりで詳細な聞き取り調査を行った。相続に関する聞き取り調査なので、プライバシーにかかわる聞き取り項目も沢山あったが、質問にはとても丁寧に答えてもらった。今でも、林業雑誌などに静岡県の林業経営者が紹介されていると、大変懐かしく思い出す。

その資料を用いて論文も作成できたし、また大阪国税局からの依頼で、50名の職員を対象に、相続税の問題点についての講演会を行ったこともある。

以上のように、受託調査は研究室の研究・教育にとって大変ありがたい存在であると同時に、特に林業政策推進のための基礎的情報を提供することで、成果を社会に還元することができるのである。

第三章　私の研究歴

第一節　国内研究

ここで、私が今まで行ってきた研究について、時系列的に追ってみよう。

前にも少しふれたように、1つのテーマに絞って研究してきたわけではなく、色々な分野にわたって研究してきた。よく言えば多様な、悪く言えば雑多な研究をしてきた。表―1は、今までに行ってきた研究テーマと、成果としての出版物（＝書籍）を時代順に並べた一覧表である。（この表で言う共著とは、私以外の研究者が統括者となって、私を含む多くの研究者が、章ごとに分担・執筆した書籍である。また編著とは、私が統括者となって多くの研究者が章ごとに分担・執筆した書籍である。単著とは、私一人で執筆した書籍である）

①から④の1980年代までは、ほとんどが国内を対象とした研究であった。それも林業史、林業経営、製材業、木材流通、住宅産業に及び、森林で育てられた木材が、流通して住宅に使用されるまでの川上から川下までの全分野が対象で、その多くが共同プロジェクトの中で行なわれた。

●表ー1　私の研究歴

研究テーマ	成果としての書籍・小冊子	発行年	
①林業史	『徳島県林業史』	1972	共著
②林業経営	『日本の林業問題』	1979	共著
	『日本林業の進路を探る』	1979	共著
	小冊子『林業経営と相続税』	1980	単著
	『京都北山の磨丸太林業』	1986	単著
③製材業	『変貌する製材産地と製材業』	1986	共著
④木材流通・住宅産業	『日本林業の市場問題』	1990	共著
⑤北アメリカ林産業　アメリカ　カナダ	『日本の住宅産業と北アメリカの林産業』	1990	単著
⑥ヨーロッパ林業　中央ヨーロッパ　北欧	『ヨーロッパの森林と林産業』	1992	単著
⑦新しい木材消費	『新・木材消費論』	1993	編著
⑧国際林業	『国際化時代の森林資源問題』	1993	共著
	『林産経済学』	1994	共著
⑨森林レクリエーショングリーンツーリズム	『森林・林業と中山間地域問題』	1995	共著
⑩海外への発信	『Forest and the Forest industry in Japan』	2002	編著
⑪竹材産業	『竹の経済史』	2008	単著
⑫研究総括	『山村に住む、ある森林学者が考えたこと』	2021	単著

研究室で出版してきた本

林業経営だと山林所有者ならびにその協同組合である森林組合、製材業だと国産材を加工する内地材製材工場・輸入材を加工する外材製材工場、木材流通だと木材の生産や流通を担当する素材業・原木市場・木材問屋・木材小売業・外材輸入商社、住宅産業だと大工工務店・大手住宅会社・プレハブメーカーなどの聞き取り調査を行った。

地域としては、地方の山村から東京・大阪の大都市に至るまで日本全国に及び、有名林業地としては、和歌山・吉野・十津川・松阪・尾鷲・智頭・都城・木頭・津山・気仙沼などで、聞き取り対象数としては私1人だけでも恐らく1000件を超えると思われる。

共同プロジェクトでは、調査が終わると参加者全員によって報告書が作成され、さらに参加者それぞれが論文を作成した。そして可能な限りプロジェクトリーダーが編者となって、表—1に示したような書籍を出版することで、新しい知見を広く社会に還元できた。

共同プロジェクトは研究者間で活発な議論を行い、その中で色々なアイデアを出し合うので、新たな知見を生み出しやすい、つまり、「三人寄れば文殊の知恵」的な効果が大きく、研究方法としては大変優れている。従って、私が教授になってからも機会があればいろいろな研究プロジェクトを企画・実施するように努めたのである。

さて私の博士論文のテーマは、「京都北山地方における林業産地の形成」である。ノーベル文学賞を受賞した川端康成の『古都』の舞台となった北山杉の生産地で、「磨丸太需要の急拡大に対して、いかにして生産増を実現して、全国的なブランドになりえたのか」の解明を目的とした。

私的な事であるが、私の生家も先祖より北山杉の林業を営んできたので、かねてから可能ならば北山地域を対象にして論文を書きたいと思っていた。

1975年、研究室の助教授が北山隣接地域のダム建設に伴う森林補償の調査を受託することとなり、北山杉が主たる補償対象になることから、北山杉を中心としたプロジェクトを発足させた。私も参加させてもらい、博士論文の作成を兼ねてデータ収集をすることになった。幸いなことに、受託費の中には十分な旅費が認められていたので、調査対象を磨丸太の育林過程だけでなく、流通や消費過程にも拡大して、東京、横浜、大阪、神戸、岡山、福岡に至るまでの市場調査をすることができた。こうして多くのデータが収集できて、ＫＪ法を駆使して博士

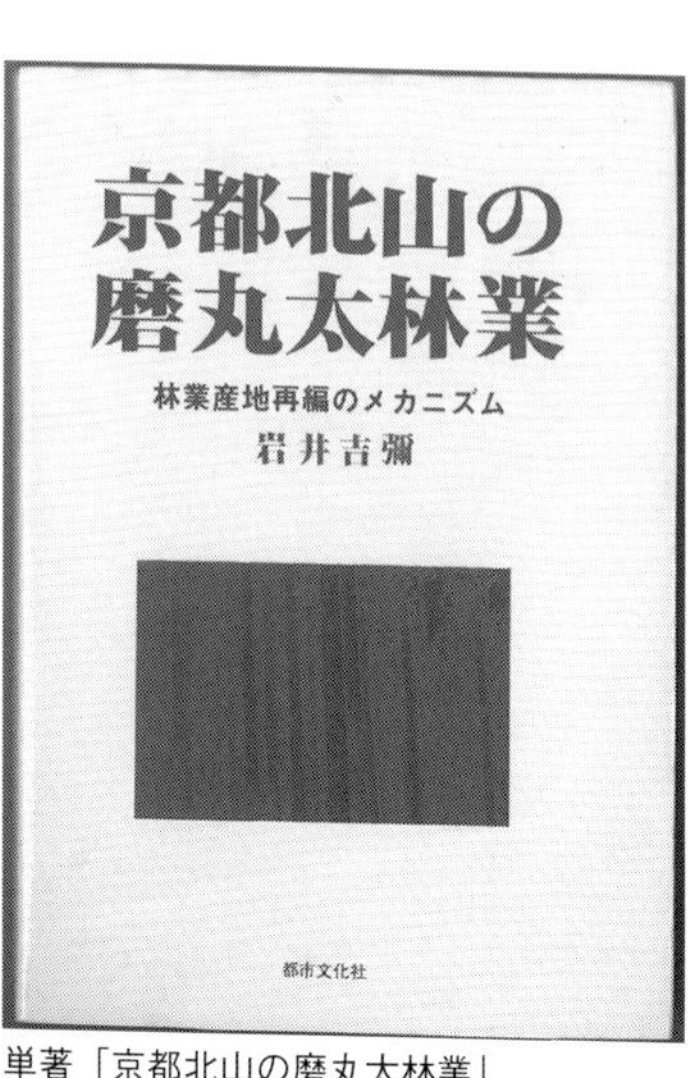

単著「京都北山の磨丸太林業」

論文は1985年に完成し、書籍『京都北山の磨丸太林業』として刊行した。論文の着手から完成に至るまでに約10年要したことになるが、自己評価ながら当論文は、生涯の論文の中でもトップクラスのレベルにあると思っている。

さて、木材は古来より用いられてきたが、燃料や木橋などに見られるように時代とともに需要が減少してきた一方で、新たな需要が生まれてきた分野も少なくない。

新たな木材の需要が発生する要因について研究するために、教授になった1993年に新しい木材消費に関するプロジェクトを立ち上げた。他大学の若手研究者をも含めた共同研究であり、そこで取り上げたのは、木製サッシ、ＤＩＹ材、ディスプレイ材、インテリア材などであった。

私自身は、ホテルや豪華客船などの木材内装に使われる木材を対象に、全国の内装業者の聞き取り調査を行った。内装業者の大手は、高島屋、三越、大丸などの有名デパートの子会社であるが、高級ホテルや東宮御所などの国内でも有数の建築物の内装を手掛ける。そこで用いられる木材は、人工乾燥ではなくて、すべてが屋外で10年間にわたる天然乾燥がおこなわれる。この方法だと木質材料としての歪みは全くなくなるし、木材の色つやと木材らしさがほぼ永久的に維持できるという。現在では、木材は人工乾燥させるのが常識になっている中で、こうした自然力を利用した乾燥方法が行われていたのは大変な驚きであった。

これこそ究極の SDGs であると言えよう。

ただ私は、研究統括者になったのはこの新しい木材消費の共同研究が初めてであった。研究統括者は、研究の目的を設定して、共同研究者の分担の割り振りを行い、その目的に向かって研究が進行するように、理論的ナビゲーターの役割を果たさなければならない。具体的には、共同研究者が一堂に集まって、何度も議論を繰り返す中からいい成果が生み出されるようコントロールしていくことが必要なのである。

それには、一研究者としての能力に加えて、全体を統括していく能力が問われることになる。私は、その後の共同研究においても総括者の役割を担ったが、いずれの時も大変苦労した思いからすると、研究統括者としての能力が十分ではなかったのではないかと反省している。そして後にも見るように、国際的な共同研究であれば、さらに高度な能力が必要とされるのである。

第二節　北アメリカ研究の開始

以上のように、私の研究人生の前半は主として日本国内を対象にしていたのであるが、1980年代の後半から、いよいよ海外にも関心を向けるようになる。

日本は森林国でありながら、北米をはじめとして諸外国から多くの木材を輸入している。その中で、「日本の林業が低迷しているのは、安い外材が大量に輸入されているからである」と言われてきたが、外材の安さの理由が必ずしも解明されているわけではなかった。

そこで1986年、当時の京大教授がその真相を探るべく北アメリカ材の研究に乗り出した。京都大学が中心となって、日本からは佛教大学、岩手大学、鹿児島大学、それにアメリカのワシントン大学、カナダのブリティッシュコロンビア大学との共同研究で、アメリカとカナダの林業・林産業の生産構造にまで踏み込んだ研究を実施することになったのである。我が国でも初めての果敢な挑戦であり、それに私も参加させてもらった。

この海外研究は文部省の科学研究費で実施され、5年間の長期にわたる研究であった。1年目は調査準備、2年目が本調査、3年目が補充調査、4年目が取りまとめと海外協力者の日本招聘、5年目が報告書の作成であった。

主な調査対象は、アメリカおよびカナダの林野当局、林業経営会社、製材会社、木材輸出会社それに日本の商社などで、合計約30か所であった。5年間に必要とする研究費用は旅費が中心で、合計数千万円であったと思う。

私の最初の役割は、1年目の準備として、アメリカとカナダの林野当局に赴いて、本研究の目的を説明して当局の協力を依頼することであった。そして2年目の調査地は、アメリカはワシントン州とオレゴン州、カナダがBC州であった。

海外の共同研究者はアメリカとカナダのプロフェッサーで、現地における聞き取り調査の依頼はこれらの先生にお願いした。また、聞き取り調査にあたっては、日本語が堪能なワシントン大学の大学院生を通訳として雇用した。通訳が入るために、日本での聞き取り調査の2倍以上の時間がかかり効率ははるかに悪かった。

今までの日本での聞き取り調査と大きく異なるのは次の点であった。

日本では、聞き取り項目についてはほぼ100パーセント回答してもらえたが、アメリカ・カナダにおいては、例えば販売先やその売上額については、「企業秘密で答えられない」と一切ノーコメントであった。ビジネスに対する意識の差に驚いた。従って、そのような項目については、他の質問によって推測するしか方法はなかった。

しかし、アメリカ・カナダにおいても、基本的には「大学の研究のためなら、可能な限り調査に協力したい」という姿勢であり、それは日本の場合と全く変わらない。大変有難いことであり、大学に対するリスペクト意識は大変高いと感じた。

アメリカ　ワシントン大学

とにかくアメリカやカナダの森林は広大で森づくりコストは極めて低く、かつそこから出てくる木材を製材する工場も巨大である。日本の製材工場の10倍以上の規模で生産性も群を抜いて高く、世界各国に輸出を行っている。日本へも大量に木材が輸出される中で、日本の林業がこうした海外の林業と競争しなければならない実態を知って、大きな衝撃を受けた。これをきっかけに私の研究対象は、それ以降、急速に海外林業へとシフトしていったのである。

現地調査期間はひと月以上であったが、1週間のうち2日は休養日であったので、それを利用してヨセミテ国立公園やセントヘレンズ噴火記念公園などを訪れ、森林がレクリエーションの場として日常的に利用されている実態を見ることもできた。

4年目には、2名の外国人協力者を日本に招聘して国内の林業地を訪問してもらい、ディスカッションも行った。いずれも初めての経験だったようで、とても喜んでもらえた。

5年目に参加者それぞれが分担して研究報告書を作成した。日本の参加者はそれぞれに論文を作成し、さらに共著で書籍を刊行する計画をしていたが、残念ながらそれは実現しなかった。ただ私は、表—1⑤の『日本の住宅産業と北アメリカの林産業』という本を出版して、北アメリカ林産業の特徴を述べた上で、それと日本の大手住宅産業との関係について論じた。

第三節　国際学会への参加

上記のように、北米の海外プロジェクトをきっかけにして、私は海外の森林や林業により関心を持つようになった。その具体化の一つが、海外で行われる国際学会への出席であり、また海外での滞在研究、及び海外への視察旅行であった。

国際的な学会として、IUFRO（International Union of Forest Research Organizations）という国際森林学会があって、5年に1度、世界の各国持ち回りで開催される。私が最初にかかわったのは、1981年の京都で行われた時であるが、当時は主催者側として各種の準備と接待に追われ、研究発表の部会にはほとんど出席できなかった。本格的にかかわったのは、1986年旧ユーゴスラビアのリュブリャナで開かれた大会からであった。それ以降、モントリオール、ベルリン、フィンランドのタンペレに出席した。

国際学会での一般的なプログラムとして、大きく分けて最初の1週間は研究発表、あとの5〜7日間は別途料金のエクスカーション、つまり見学と観光を兼ねた小旅行がある。研究発表はいろいろな分野に分かれていて、例えば林業政策、森林保護、林業機械、森林経営など10分野以上あり、参加者はどの分野でも自由に参加できる。ただし、論文発表を行う場合は事前の申し込みが必要であり、かつ発表内容が適切かどうかの審査があるので、それにパスしなければならない。15分程度の発表と数分間の質疑応答時間が設けられている。

毎日、朝9時から夕方5時ごろまでびっしりと発表が行われるが、息抜きのために半日ツアーやパーティーが用意されている。世界各国から、いろいろな分野の研究者が参加しているので、ワイワイガヤガヤととても楽しい。観光バスやテーブルで隣同士になった時は、プライベートな話題にも及ぶことがしばしばあり、帰国後はクリスマスカードを交換するようにもなる。大会後のエクスカーション旅行では、夫婦で参加している人も多いのでより親しくなり、友人作りのいい機会となる。

エクスカーションでは旅行コースが7〜8コースに分かれていて、それぞれにテーマが設定されているので、好みのコースを選んで参加する。森林保護コースだと、見学地が自然保護区や国立公園、林業経営コースだと、山林所有者の家庭訪問や伐採現場、それに森林を管轄する森林組合の訪問といった具合である。訪れる山村では、村民総出の歓迎食事会があったり民族舞踊が披露されたりして、とても賑やかで思いもよらないハプニングもある。それについてはエピソードとして後述したい。

国際森林学会の半日ツアー

しかし、こうした国際学会に出席しようと思えば、当然のことながら多くの費用がかかる。学会参加費が5万円、エクスカーション参加費が7万円、宿泊費が8万円、飛行機代が25万円というように総額はかなりの額になる。どこかのスポンサーがついていて旅費負担をしてくれるといいが、森林の分野では、まずそのような事は望めないので、100パーセント自己負担を覚悟しなければならない。ただ、海外科学研究費申請の際、学会発表を研究企画の中に組み込んで認められれば、旅費が出る。

私は英会話が得意でないので、国際学会で発表するには大変勇気がいる。発表するだけなら原稿を読んでいればいいのだが、一番苦労するのは質疑応答である。普通の日常会話さえ聞き取れないことがあるのに、学会での質問となると緊張のために余計に聞き取りにくい。大体の質問要旨がわかれば答えることもできるが、特に相手の話すスピードが早かったり、なまりがあって何を言っているのかほとんどわからない時は、もう一度聞きなおす。1回くらいは「pardon?」と言って聞き返すことができるが、これを何度も繰り返すことはできない。

だから、国際学会に出ると会話力の重要性がひしひしと感じられる。

日本では、よく「小学校で英語会話を教える必要はない」とか、「英会話よりも日本語をしっかり勉強することの方がはるかに大切だ」という専門家もいるが、私はそうは思わない。英会話は極めて重要であり、学会発表や外国人と接する場合には必要不可欠である。

英会話ができれば、パックで海外旅行をした時も日本人だけで固まることなく、外国人と直接会話することで、ぐっと楽しさが増えるであろうし、日本人に欠けている国際感覚も養えるであろう。

また、後にも触れるように、英語が自由に操れるなら、外国研究者との議論も深まり、より高い価値を持った研究成果が生まれてくるであろう。

英会話は重要でないという人は、英語で苦労したことがないために錯覚しているにすぎないと思う。

それから国際学会の大きな効用に人脈作りがある。

国際学会には世界各国から多くの森林学者や森林行政担当者が参加して、いろいろな形で交流が行われる。こうした国際交流が、後の外国林業研究に大いに役に立つことになる。後述するように、在外研究員としてのフィンランドでの滞在やヨーロッパでのグリーンツーリズム調査の実施に際して、そうした交流が重要な役割を果たしてくれたのである。

第四節　在外研究員としてフィンランドへ

文部科学省の外郭団体に日本学術振興会という組織がある。一言で言うと、研究促進のための助成や若手研究者の養成を行う組織である。先に述べた科学研究費助成もそうであるし、大学院博士課程の学生に対して行われる研究者養成のための助成金、それに海外への在外研究員派遣への助成（以下、「在外研究」）などの事業を行っている。

ここでは、在外研究について述べてみよう。

私はフィンランドヘルシンキ大学での研究のための助成を申請し、1991年に1年近くの在外研究が認められた。

フィンランドはもともとフィン族で構成されていて、ロシアのウラル山脈やアルタイ山脈近辺に住んでいた民族が分かれたので、言語的に言うと、ウラル・アルタイ語族となり、文法的には日本語もそれに近いという説がある。するとフィンランド語と日本語とは遠い遠い親戚関係にあるのかもしれないが、表面的にはフィンランド語と日本語とは似ても似つかぬものであり、英語やドイツ語・フランス語とも全く異なる。

フィンランドは、森林率（国土面積に占める森林面積の割合）が72パーセントで世界一であり、林業と林産業（製材業・紙パルプ産業・その他木材工業）が盛んで、国内産業の中でも重要な位置を占めている。ちなみに、我が国の森林率は67パーセントで世界第2位ではあるものの、フィンランドとはかなりの差がある。

日本は森林国で、至るところに山岳地帯があってどこに行っても森が見られるが、それ以上に森林割合が多いフィンランドとはいったいどのような国であろうか。森と湖の国と言われているものの、これといって有名な観光地があるわけでもない。ロシアと国境を接しているので、社会主義に近い国なのだろうか、その程度の知識しか持ち合わせていなかった。

初めて参加した旧ユーゴスラビアの国際学会で、多くの森林学者に出会い親しくなったが、その一人が私と同じ分野の研究者であり、ヘルシンキ大学の助教授をしているティッカネン氏であった。同氏の上司であるR教授に在外研究員としての受け入れをお願いし、了解していただいた。後になってわかったことだが、「ティッカネン」とはキツツキの意味であるが、失礼ながら、彼はよく見るとどこかキツツキに似た顔をしていた。

そのような人脈があったのと、森林国フィンランドを一度見てみたいこととが重なりあって、ヘルシンキ大学での在外研究を申請したところ、運よく認められた。「森林分野での在外研究の申請では、熱帯林地域であるとか、ドイツやスイスといったヨーロッパの人気が高くて、競争率は極めて高い」と聞いたことがある。それなら、フィンランドは穴場で、恐らく競争率は低いのでは、という淡い期待をもって申請したら予想が見事あたってパスしたのである。

ヘルシンキ大学での私の研究室

日本を出発したのが春まだ浅き3月であったので、ロシア上空を通過すると、シベリアの大地は雪に覆われオビ川をはじめとする大河も凍結しているようだった。

現地には日本学術振興会と提携している組織があって、その担当者が滞在するアパートなどの手配をしてくれたし、現地での困りごともすべて相談に乗ってくれた。そしてヘルシンキ大学では個室の研究室を用意してくれた。

在外研究員としては特別の義務があるわけではなく、極端なことを言えば、毎日図書館に通って本を読んでおればそれで済むのであった。

私は生まれて以来、実家を離れて生活した経験がないので、アパート暮らしは大変珍しかったし、予想しないハプニングが次々と起こった。

例えば、アパートの部屋には洗濯機がついていたが、日本では洗濯機を使ったことがない、ましてやフィンランド語で書いてある説明書きは全くわからない。適当に洗濯物と洗剤を入れてスイッチを押したら動き出したのでやれやれと思ったが、しばらく外出して帰ってくると大変なことになっていた。

なんと部屋中が天井に至るまで泡だらけになっていたのである。おそらく規定量の何倍もの洗剤を洗濯機に入れたためであろう。雑巾を総動員して、泡の始末をするのに3時間もかかってしまった、恐ろしい出来事だった。

2週間程度は物珍しさもあって、機嫌よく暮らしていたが、だんだん退屈になってきた。私は酉年なので、じっとしていることには耐えられない性格である。大学の図書館に行って本を読むが、フィンランド語は全くわからないし、英語の本だと読むことはできても長時間はしんどい。

週休2日なので、街の繁華街に出たり港を散歩したりするが、パチンコ屋もなければコンビニもない。

映画館に行ってもフィンランド語だけなのでさっぱり内容がわからない。

ストリップ劇場に行ったら、ガラガラどころか観客は私を入れてたったの2人だけ。1時間の間に舞台に出てきた踊り子はたったの1人だけで、何とも寂しいことこの上なかった。


このままではおかしくなると思い、思い切って旅に出ることにした。旅と言っても観光旅行ではない。純然とした勉強と研究のための旅行で、それも3回に分けてである。

まず第1回目は、ヘルシンキ大学演習林の3日間にわたる見学旅行である。京都大学では農学部の中に林学科があるが、ヘルシンキ大学の場合は、林学部として独立していて、京都大学よりもはるかに規模が大きい。さすがに森林大国フィンランドである。運のいいことに、ヘルシンキ大学の林学部に日本人の助手の人がいて、連日付き添ってガイドをしてくれた。

学生の実習の場として各地に演習林があり、その一つを訪問したら、ちょうど学生が泊りがけで実習をしている最中だった。京都大学の実習でもお馴染みの、測樹実習（樹木の高さや太さを測定して、木材の体積を計算すること）を行っているところだったが、京都大学に比べて女子学生が多いことに驚いた。演習林の中に建てられたサウナ風呂にも入ったし、きれいな学生食堂で食事もした。

第2回目は、フィンランド国内の林産業に関する調査、それも企業や森林組合を訪問しての聞き取り調査である。

フィンランドの林産企業が組織する林産業協会の部長であるA氏が調査スケジュールを作り、聞き取り対象となる十数か所の林産企業に調査依頼もしてくれた上に、7日間車を出して同行してくれた。聞き取り調査だけでなく、森林の伐採現場や植林現場も見学した。

フィンランド人は小学校の段階から英語を学び英会話もできるので、聞き取り調査でも大体のところは英語で通じるが、細かいことや業界用語となるとフィンランド語になるので、その場合は付添いのA氏が英語で通訳してくれる。

こうして、フィンランドの林業や林産業についてのデータ収集が実現し、後の単著『ヨーロッパの森林と林産業』の出版につながった。

第3回目は、ヨーロッパへの調査旅行で、ドイツとオーストリア・スウェーデン・ノルウェーの大学および森林研究所への訪問である。

当旅行の訪問先については、ヘルシンキ大学のティッカネン氏がアレンジメントしてくれた。ドイツのハンブルグ森林研究所、ドイツフライブルグ大学、ドイツミュンヘン大学、ウィーン農科大学、スウェーデンウプサラ大学、ノルウェー農科大学であった。今回は企業のビジネスに関する聞き取り調査ではなく、地域や国全体の森林・林産業に関する調査なので、それぞれの専門分野の研究者や教授への聞き取り調査と、統計資料などの収集が主な目的であった。ほぼ3週間にわたる調査旅行であった。ここで得られた多くのデータも、著書『ヨーロッパの森林と林産業』に役立てることができた。

ノルウェー農科大学

一連の調査を終えてようやく夏休みを迎えた。夏休み中はヘルシンキ大学でも通常の授業はなく、1週間程度の夏季特別講座が開かれる。私も経験のために講座を受けてみたいと教授に申し出たら、快く了解してくれた。数日たって私の部屋に山ほどのコピーが届いたが、高さが40センチほどあろうか、よく見てみると10冊ほどの本のコピーであり、夏期講座の教材であるという。あと1週間もすれば講座が始まるので、その教材をすべて読んでおくようにとの伝言が添えられていた。パラパラとめくってみると、フィンランド語でなくてすべて英語である。

その膨大な教材を見た途端、私は唖然とした。トータル2000ページ以上はあるだろう、とてもじゃないが私の能力では1週間では予習しきれない。すぐに教授に断りに行くのはどうかと思ったので、3日ほどしてから恥を忍んで断りに行った。「フィンランドの学生は、夏休みだけでもあんなに勉強するのだろうか。アメリカやイギリスの大学でも大変な数の本を読んでレポートを書かねばならないと聞いたが、フィンランドでも同じなんだ。ああ、日本に生まれ日本の大学で勉強できてよかった。でもよく考えると、日本の大学生はそれだけ勉強しないという事なんだなぁ」とつくづく思った。

このようにして私は、フィンランド滞在中はヘルシンキ大学の中では全くといっていいほど勉強はしなかった。したのはフィンランドとヨーロッパでの聞き取り調査と資料集め、つまりフィールド調査だけだった。

なお、フィンランド滞在中のエピソードについては、章を改めて述べることにする。

第五節　海外の視察旅行

助手から助教授を務めていた間には、積極的に様々なグループと海外視察旅行に出かけた。

1981年には、日本林業経営者協会主催の中国林業と木材工業の視察旅行が行われ、山林所有者、大手商社の部長、合板業者、それに私を含めた研究者3名などが参加した。木材加工については、成都や上海の家具工場と合板工場を訪れたが、当時はまだ、生産性の低い加工機械が用いられていた。

春になると我が国にも飛来する黄砂は、黄河流域の広大な黄土高原から飛んでくるのだが、そこは雨量が少なくはげ山同然である。従って、黄土高原の緑化は中国の悲願であるので、桐や馬尾松などが色々と工夫しながら植林されていた。その時に通訳をしてくれたのが中国林業省の職員で、第四章でも述べるように、彼はその後、京都大学に研究生として来日して博士号を取得することになる。

また当時、林学科に、海外林業に大変関心のある教授がおられて、その先生を中心に教官7～8名のグループを結成して、シベリア、インドネシア、ニュージーランドに出かけた。いずれも現地の大学研究者等がガイドとして案内してくれたので、専門的な内容についてもよく理解できた。

1989年、シベリアの木材コンビナートと森林の伐採現場を訪問した。コンビナートは、紙・パルプ工場、製材工場、合板工場に加えて、木材を集荷・供給する巨大な木材貯木場によって構成され、木材の多くはタイガ（針葉樹林帯）を流れる河川を利用して筏によって集荷されていた。余りにも広大なので、バスに乗ったままでないと見学し切れなかった。

私達が訪れたのは、ほとんどが外国人立ち入り禁止の地域であった関係で、全行程を当時の国営旅行社インツーリストの職員が付き添ってくれた。インツーリストの職員は、当時のソビエトにおいてはエリート階級で、「夏季休暇には、毎年クリミア半島のヤルタに家族で避暑に出かける」と話していたのが印象的であった。

シベリアの森林伐採現場

1992年には、京都大学グループで初めて熱帯雨林の視察が実現した。インドネシアの大学に、かつて京都大学に留学経験のある研究者がいて、カリマンタンのガイド役を務めてくれた。

ラワンなどの原生林が急速に伐採されて行く一方で、ユーカリなどの早生樹種の植林が広く行われていたが、それを見ると、もはや今までのうっそうとした熱帯林の再生は、到底望むべくもないと思われた。

2000年に訪れたニュージーランドでは、広大な丘陵地に植林されたサウザンパインの森林が整然と連なっていたが、ほとんどすべてが羊の放牧地あとに造成されたものであった。化学繊維の台頭によって羊毛産業が大きな打撃を受けた結果、放牧地が森林へと変身したのである。植林後、30年生で伐採できるほどによく成長するので、低コストで短伐期で生産できる、近年世界の注目を集めている新しい林業の視察であった。

1989年のフランス・イギリス・ドイツ・スウェーデンの木材加工産業の視察旅行は、駐日カナダ大使館員でかつ林産業担当であるC氏に案内をお願いした。参加メンバーは、製材業者、木材内装業者、森林測量業者、木材問屋と多彩であった。「ヨーロッパにおける木材の使われ方」について視察するのが主目的で、日本ではあまり見られない木製サッシの工場、木造の大型スーパーマーケット、コストコのように巨大な日曜大工店、それに木工機械分野でのベンツと世界的に評価されている木工機械会社の視察は印象的であった。

パリ郊外の木造大型スーパーマーケットでは、「スーパーマーケットは、日本では鉄骨で作られるのが多いのに、パリではなぜ木材で作られているのか？」と質問したところ、「火災が発生した時のことを考えてのことです。鉄骨で作ると、火災発生時に熱が伝わると間もなく鉄骨が柔らかくなって屋根が崩れ落ちます。しかし、木材で作ると確かに燃え始めますが、屋根が落ちてくるまでに20分以上の時間があり、その間にお客様が避難出来るからです。木材の方が、命が助かる可能性が高いのです」との答えが返ってきた。

日本ではそこまで人命のことを考えて建築しているのだろうかと、考え込まざるを得なかった。

この視察旅行の参加者の一人に、東北地方でホテルなどの木材内装工事を行う会社の社長さんがいて、旅行中その分野の話をいろいろと聞くことができた。初めて耳にする内容も多く、それが刺激となって、新しい木材消費についての研究プロジェクトの立ち上げと、編著『新・木材消費論』の発刊につながった。

スウェーデン製材工場の従業員用食堂

このような海外へのかかわりは、私に外国の林業や木材産業に関する新しい知識をもたらしてくれただけでなく、それが刺激となって新たな分野への目を開かせてくれた。さらに、国際的な研究へと推し進めてくれて、日本林業を海外の視点から考察するための、極めて大きな原動力になったと思う。

第六節　日欧グリーンツーリズムの研究

以上のように私は、日本の林業や林産業に始まり、続いて海外へと研究の対象地域を拡大してきた。そこで明らかになったのは、カナダ・アメリカ・北欧、シベリア、それにニュージーランドの林業生産力は日本よりもはるかに高く、日本林業はこのままではとても国際的な競争に打ち勝つことはできないという事であった。

それでは、林業及び林業を主業としてきた日本の山村が生き延びるにはどのような方策があるのであろうか。森林の観光やレクリエーション利用の視点から、かつて白神山や屋久島それに西表島などを対象にして現地調査をしたことがあるが、日本の一般の山村には国立公園や特別な自然保護地域などはなく、観光客を惹きつける力はない。

ところが、取り立てて観光資源もないヨーロッパのごく普通の農山村には農家民宿があって、森林が積極的に利用されている。そうしたシステムの導入の可能性はないのだろうか。

そのような問題意識を更に具体化すべく、北海道とヨーロッパの農家民宿の経営比較、それに民宿宿泊者の滞在中の行動様式を比較検討して、我が国における山村でのグリーンツーリズムの可能性を探ることにした。

まず国内を対象にした科学研究費助成、続いてヨーロッパを対象にした科学研究費助成が認められたので、日本では1996年から北海道、ヨーロッパではドイツとオーストリアを対象として1998年から現地調査を開始したのである。後者では、ウィーン農科大学のP教授にお願いして共同研究者になっていただいた。ちなみにP教授は、先のヘルシンキに在外研究員として滞在中、ウィーン農科大学を訪れた際にお世話になった教授である。北海道では、私が10日間にわたって聞き取り調査を実施し、ヨーロッパでは日本から6人が参加して2週間にわたって農家民宿の聞き取り調査を実施した。

この研究で明らかになったのは次の通りである。

日本人とヨーロッパの人々との間には、森や木とのかかわり方に大きな相違がある。特に中央ヨーロッパの人達は日常的に森の中をよく歩くし、農家民宿に滞在中の最大の楽しみは、ごく普通の針葉樹の森を歩くことである。木の名前もよく知っており、さらに木を用いて家の内装を手掛けたり、時によっては自分で家を建てるほど日曜大工が好きである。それゆえに、木材専門の巨大な日曜大工店がある。つまりヨーロッパの人達は森や木とは極めて近しい関係を持っている。それとは対照的に、日本人は杉やヒノキの森を歩いて楽しむことはなく、木の名前についてもよく知らないし、日曜大工もそれほど盛んではない。つまり森や木とは極めて遠い関係にある。「従って、我が国においてはヨーロッパ型のグリーンツーリズムや農家民宿の経営は成り立ち難いと思われる」、との結論に至った。この研究によって、共同研究者はいくつかの論文を作成し発表したが、残念ながら、書籍の出版までには至らなかった。

思い返すと、私が初めて科学研究費助成による海外の大学との共同研究に携わったのは、北アメリカの研究であったが、その時も研究報告書は作成されたものの、参加者の共同執筆による書籍の出版には至らなかったが、その理由については、後の第八節で触れることにする。

第七節　竹林・竹材の研究

定年を控えて、是非ともしておきたい研究があった。

大学院時代に、かの有名な竹博士の上田弘一郎先生のお誘いを受けて、竹材流通の調査研究に参加した経験がある。竹は1年で大きく成長する植物なので草本のようだが、幹は草よりも硬くて木に似ている。竹は草でもなく木でもない曖昧なものであるが、便宜上「木」に分類され、したがって竹林は森林に分類される。竹は、以前はザルや団扇などの日用品をはじめとして、我が国では広く利用されてきたし、竹林には次々と筍が出てくるので、食材としても有用である。ところが、竹の代替材としてプラスチックなどが登場したり、また団扇に代わって扇風機やエアコンなどの新しい機器が登場すると、竹林の価値は急激に低下してしまった。竹林は利用されずに放置されると周囲に広がり、周りの森林や田畑も竹林化して環境問題や景観問題も発生する。

竹林問題の解決方法としては新たな需要開発が必要であるが、参考となる先行研究はほとんどなかった。そこで、日本の主たる竹材及び竹製品産地である京都、大分、熊本、鹿児島の各府県を対象にして、現状についての聞き取り調査を実施し、それに基づいて対策を検討することとした。

中越パルプ工業の鹿児島川内工場を訪問すると、そこでは竹材を原料としたパルプと紙の生産が行われていた。その発端となったのは、「工場の周りには広大な竹林が広がっているので、原料調達のコスト面では大変有利である。その上に、竹は自然に生えてくるので、竹林を育てるコストは全くかからない。とすると、これほど有利な原料はない」と考えられたことによる。ところが、である。実は、我が国のパルプ産業の原料の多くは、海外から輸入される木材チップに依存している。にわかには信じがたいことであるが、木材チップの生産コストや日本への輸送費を考慮しても、工場周りに自生する竹林を利用する場合と比較してコスト的に安くなるのである。従って、竹から生産された紙のほうがコストが高くなって、そのままだと競争力がないので、竹林整備政策の一環として全面的に鹿児島県が買い取るシステムになっている。なんとも歯がゆい現実である。

一方、竹かごや竹細工などの一般の竹製品については、国産品は中国から輸入される安い製品に対抗することができない。従って、中国製品と競合しにくい高付加価値製品を少量生産する方法が最も適していること、そしてそのための高度な加工技術が存在して継承されているとの結論に達した。その研究結果は、単著『竹の経済史』として出版した。

単著『竹の経済史』

なお熊本県の現地調査の折、球磨川に面した人吉市の老舗旅館に1泊したが、数年前の熊本県豪雨による甚大な被害で営業中止に追い込まれたことを知って、とても切ない気持になった。

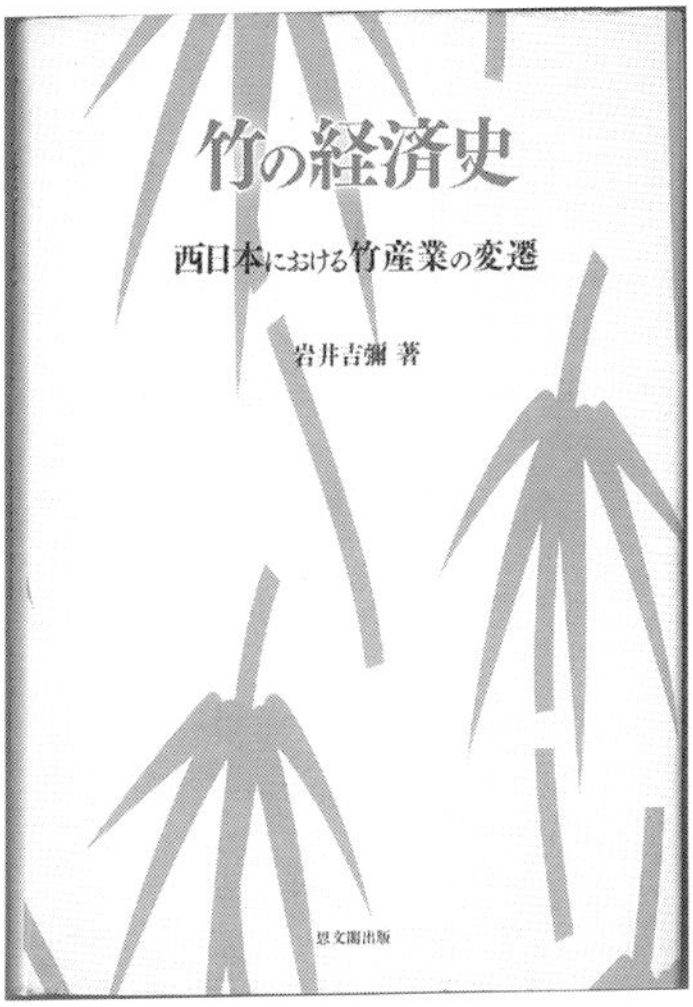

第八節　初めての海外出版

以上述べてきたように、研究人生の後半では、主に外国林業を対象にして研究を行ってきた。その過程で、外国の研究協力者と研究の在り方や方法についても議論をしたが、とても印象に残った点が2つある。

まず第1点は、外国人研究協力者は、日本の森林や林業の実態については、ほとんど知識がない事である。その最も大きい原因は、日本の林業や森林の研究分野では、日本語論文が圧倒的に多くて英語論文がほとんどないために、海外への情報発信が行われて来なかったからと考えられる。

第2点は、日本と外国とでは、研究方法に違いがあるのではないかという事である。それを感じたのは、次のような事実があったからである。

北アメリカの研究にあたって、現地での聞き取り調査について打ち合わせをしていた時、パートナーであるワシントン大学のL教授から次のような質問をされた。「今回の君たちの北アメリカ調査・研究にあたっては、どのような仮説を持っているのか」と尋ねられたのである。「調査研究にあたってはすでに仮説を持っているのが当たり前で、それが研究というものだ」と言わんばかりであった。

私たちは確かに仮説は全く持ってはいなかった。何故なら、北アメリカの林業や林産業についてはほとんど情報と知識がない状態であり、未知の領域であった。だからこそ、これから調査を行い、データを集めて仮説を立てようとしているのである。「今回の調査は仮説を立てるための調査である」と言っても、なかなか理解してもらえなかった。

その時、ふと思った。「それは日米の研究方法、つまり方法論の差によるのかもしれない」と。

ところで、この「日米の方法論の差」は、第六節でも述べたように、それは海外研究の成果が、報告書からさらに進んで書籍の形にまで至らなかったことと関係するのではないだろうか。書籍として出版するには、研究内容に関しては、少なくとも共同研究者の間では一定の共通認識に達していなければならないと考えるが、そこに至るには方法論はもちろん、当該研究についての議論が相当程度深まっていなければならない。しかしながら、社会科学分野では、抽象的でかつ複雑な議論も必要となるので、自然科学分野に比べてかなり高度の英語会話力が必要になると思われる。しかし、残念ながら、私たちは到底そこまでの会話力を備えていなかったがために、「方法論の差」について議論することさえかなわなかったし、共通認識にまでは到底至らなかった、それゆえに書籍の出版も実現しなかったと考えられる。それは、ヨーロッパを対象にしたグリーンツーリズムについての共同研究においても同様であったと考えられる。

思い起こすと、森林経済分野の方法論については、確かに私達の研究室の中では議論してきたが、研究室以外の日本の研究者の間でも議論したことはほとんどなかった。ましてや、外国の研究者との間においてはなおさらのことであった。

その詮索はさておき、以上の2つの点からこうした問題を少しでも解消するためには、まず私たち日本側から、研究論文レベルのものをまとめて英文で海外に発信するべきであると考えたのである。

そこで、全国の若手研究者十数名に呼び掛けて、日本の林業や森林に関するテーマを設定して、各人に英文の原稿を執筆してもらった。それらをまとめて、編著『Forestry and the Forest Industry in Japan』を出版して世界に発信することにした。外国の出版社の方がアピールできると考えて、カナダバンクーバーのUBC pressに連絡を取り、出版部との交渉を始めた。

しかし、そのような海外での出版企画は全くの未経験であったので、最初から難航を極めた。まず英文原稿を出版部に送ると、外部者を含めた数名の審査委員会により原稿チェックが行われた。英文のチェックだけでなく、内容表現や内容の矛盾のチェックがあり、すべての原稿が訂正の対象となって、その都度執筆者に訂正が求められた。それが終わると今度は、それぞれの原稿が掲載するに値する内容であるかどうかのチェックが行われた。「この原稿は削除しろ」と言われたのが4～5篇あったが、今さらそのような事はとても各執筆者には言えないので、「大幅な訂正が求められている」として、執筆者と何度も話し合い、内容を改善して再審査を受けて何とかパスしたのである。今まで日本で私たちが出版してきた書籍では、そのようなチェックはなく、せいぜい誤字脱字程度であったのと比べると桁違いの厳しさであった。

UBC pressと言えば、世界的にも有名な出版社なので、それだけ内容のチェックも厳しかったのだろう。今から思えば、私はよくも大胆な企画をしたものだと思う。それこそ「知らぬが仏」であった。

原稿のチェックが済むと、今度は出版費用についての交渉である。いくばくかのの出版費の負担を求められたので、今までの受託研究の蓄積をそれに充てることにした。

当初の契約に基づいて、現在でも各執筆者に為替で原稿料が送られてくるが、1回当たり数千円の単位なので、銀行に現金化手数料の数千円を支払うと差引マイナスになることがある。これでは困るので、「こちらが損をしないように送金方法を検討してほしい」と要求しても、なしのつぶてである。そんな面倒な事には応じられないというのであろう。

とにかく外国での出版は大変苦労したが、これも研究者として経験しておかなければならないことだと思う。

第九節　研究者としての総括：一般読者向け書籍の発刊

以上、私自身の研究歴について述べてきたが、そのほとんどが現地での聞き取り調査によって情報収集し分析したもので、それを報告書、論文、書籍の形として公表してきた。

さてここで、論文と書籍との関係について少し述べておこう。

研究者にとって、論文の作成が極めて重要であることはすでに述べたとおりである。しかしその内容については、専門的であるがゆえに、同じ学会に属する研究者やそれに近い分野の人達の間のみで共有していたと考えてよいだろう。

ところで、大学で博士論文が認められれば、製本した上で1部を国会図書館に寄贈する義務があり、そこで永久保存される。さらに、例えば書籍のような形で刊行するように義務付けられている。それは、博士論文としての研究成果は社会に還元されねばならないと考えられているからであろう。

ただ残念なことに、とりわけ出版の費用負担の理由から、京都大学で博士号をとった論文が実際に書籍として刊行される例はとても少ないが、私は規定通り博士論文を書籍にして出版した。

そして私は博士論文だけでなく、そのほかの論文についても、共著であろうと単著であろうと書籍として刊行するのは大変意味のあることだと考えている。

今迄、私の研究室の先生方が多くのプロジェクトを企画して、その成果を論文だけでなく、次々と書籍として刊行してきたのは、単に業績のためだけではなく、社会への還元をも考えてのことだったと考えている。私もその考え方を受け継いで、可能な限り研究論文を書籍として出版してきた。

ただし、書籍は専門の研究者だけでなく、それ以外の多くの人達が目にしたり手に取ることができるので、その内容については、わざと難しい用語を使ったり、抽象的な表現をして読み手を惑わせるようなことがあってはならない。とにかく作者の意図や考え方が、読み手に理解しやすいように表現することが研究者のの責務であろう。その意味では、研究者には高度な文章力が必要とされる。

大学を定年退官してから早くも14年も過ぎてしまったが、この間心残りであったのは、次の4点であった。

①今までの研究過程で集めた情報の中で、いまだ有効に利用しきれていないものがかなり残っているが、このままではいずれも永久に日の目を見ないままに無駄になってしまうと思われたこと。

②日本の研究者は、日本林業の世界における位置づけを未だ十分になし切れておらず、それゆえに、日本林業の危機の要因についても十分に理解できていないこと。

③同様に、一般の国民、行政担当者それにマスコミも、我が国の森林や林業について正しく認識できていないが故に、誤解が多くて危機感が欠如していること。それは、研究者が国民・行政・マスコミに真実を知らせる努力を怠ってきた結果であり、私も研究者の一人としてその責任を負っていること。

④日本林業の国際的な位置づけにあたっては、私が従来行ってきた多様な研究は極めて有効であると思ってはいたが、それを総括する機会がなかったこと。

以上の①②③④の心残りを解消する方法として、令和3年、『山村に住む、ある森林学者が考えたこと』を一般の読者向けに出版した。そこでもＫＪ法を駆使して、日本林業の国際競争力の弱さの要因を明らかにした。さらにそれを前提として、日本の森林のあるべき姿について提言したのである。

その意味で、『山村に住む、ある森林学者が考えたこと』は私の研究人生の総括でもあった。

最後に、この出版で私が初めて経験した、とても重要なことについて触れておこう。

完成した原稿を出版社に持ち込んで、一通り出版部長に読んでもらった後、次のようなやり取りがあった。

出版部長「岩井さん、この本の読者はどなたを想定していますか」

岩　井「これは専門家向けと言うより、一般の方々を想定しています」

出版部長「それなら、このような書き方ではとても駄目ですね。専門家であればともかく、一般の人にはとても理解できませんよ。もっともっとわかりやすく書いてください」

この出版部長の言葉は、私にとってはかなりのショックであった。何故なら、すでに述べたように、従来からも書籍の執筆については平易に書くように心がけてきたし、今回もそのつもりで原稿を書いたからである。

しかし、私の従来の書き方では一般の人達には理解しにくい内容であったことを、76歳にし

単著『山村に住む、ある森林学者が考えたこと』

て初めて知り、その原稿については何度も修正を重ねなければならなかった。

こうして、出版部長のアドバイスのおかげで、自画自賛ながら、とても分かりやすい内容となった。そして、多くの読者の方々から「日本の林業の置かれた状況が、初めて理解できた」という言葉をいただいた。

第四章　大学教授の仕事

第一節　博士号はどうすれば取得できるか

博士号はそれぞれの大学が認めた学位であり、学部ごとに博士号が認められる。京都大学農学部関係だと京都大学農学博士となり、文学部だと京都大学文学博士となる。東京大学だと、東京大学農学博士となる。

では博士号を取得したい場合、どのようにすれば可能だろうか。

もっとも一般的なのは大学院に進学する方法である。学部を卒業すると、その上に大学院があり最初の2年間が修士課程で、あとの3年間が博士課程となる。博士課程で博士論文を完成させ、これが認められると博士号が授与される。こうして得られた学位を、「課程博士」と言う。

もう一つは、「論文博士」である。大学院に行かなくても、優れた論文を作成して、これが認められれば、その学位を「論文博士」と言う。この場合、必ずしも学歴は問われない。ただし、大学院卒に相当する学力があるかどうかのテストにパスしなければならない。

いずれにしても、論文が教授会で認められれば博士号が取得できる。

博士論文は卒業論文や修士論文に比べてはるかに高いレベルにあるので、その作成には多くの時間とエネルギーが必要である。

一般的には、修士課程で書いた修士論文をさらに改善・発展させて博士論文とすることが多いが、その間に権威ある学会誌等に数回投稿して掲載されなければならないので、ハードルは高く、早い人で5年、遅くなるとさらに数年かかることもある。

そのようにして得た博士号は、大学の教官や研究所の研究者になるにあたっての、いわばパスポートの役割をする。もちろん、外国の大学の博士号でもよい。


私の教授時代に指導した博士論文で、印象に残っているものについて、6例あげてみよう。

1例目は、中国からの研究生が取得したケースである（研究生も学費は必要である）。彼は中国の外国語大学の日本語学科を卒業していたので、前述したように、私が中国の林業と木材工業の視察旅行をした際に、日本語通訳として付き添ってくれた。

それがきっかけで、京都大学で博士号をとりたいと希望した。博士課程に入るのではなく、論文博士の取得を目標にしたので、研究室の研究生になり指導を受けながら論文作成に取り掛かった。テーマは、「中国東北地方における森林開発構造に関する研究」であり、東北地方つまり旧満州での森林開発の仕組みについて明らかにしたのは、この論文が初めてである。幸いそれに関する歴史資料は研究室や林学科の図書室に大量に所蔵されていたので、研究はスムースに進み無事取得できた。その後は、日本に居住して民間企業に勤めながらトキの保護活動にもかかわっている。

2例目は、他大学出身の女子学生の場合である。彼女は大学院に入り、修士課程・博士課程の合計5年間で博士号をとった。テーマは、「山村集落の観光化に関する研究―茅葺きの里の形成過程を中心に―」である。京都府の美山町には多くのかやぶきの家が残っていて、それを利用して観光振興に成功した地域であるが、その成功要因を解明するために聞き取り調査を中心におこなった。そして「地域おこし活動を担ったのは地元住民ではなく、UターンないしはIターンの人達であった。彼らは外部の視点

京都大学に提出された博士論文

から、かやぶき集落の価値を評価できたからである」と結論付けた。こうした考え方は、日本各地の地域おこしを考察する場合に、重要な示唆を与えるすぐれた論文であった。当人は現在、公立大学の教授をしている。

3例目は、定年退職後に大学院に入学して博士号をとった例である。

当時、定年退職後に博士号取得を目的で大学院に入学する例はとても珍しかった。年齢は私よりもかなり年上であったが、研究への情熱は大変なもので圧倒されてしまった。テーマは、「中山間地域における小規模林家の存立条件」で、ある林業地域での聞き取り調査を中心にデータを集めて5年間で博士号を取得した。今まで発掘されていなかったデータを駆使して、木材のブランド化の視点から、地域林業の発展メカニズムを解明したものと高く評価できる。その後は、地域のボランティア活動などで幸せな人生を送っておられたが、数年前に亡くなられた。

4例目は、京都大学林学科を卒業して大学院博士課程を経て博士号を取得した例である。テーマは「自給的及びレクリエーション的な山菜・きのこ採りに関する研究」であった。山菜・きのこ採りは以前は全国的に広く行われていたが、最近ではマツタケ以外ではあまり行われなくなっている。しかし東北地方では現在も広く山菜・きのこ採りが行われており、その要因について解明するのが目的である。東北地方では、国有林が多くてそこへの住民の立ち入りが認められていること、また山菜・きのこの種類が多く昔からそれらを利用した料理が生活の中に溶け込んでいること、住民の間で、山菜・きのこ採りテリトリーが決まっていて採取したものを住民同士で交換し合うのが大きな楽しみになっていること、等々が要因になっていることを明らかにした。我が国においては市民と森林との関係が希薄な中で、東北地方のこうした住民と森林との密接な関係は注目に値する。当人は現在、東京の国立大学に助手として勤務している。

5例目は、女子大学から京都大学の大学院に入って博士号をとった例である。テーマは、「明治期における和紙製造の技術開発とその展開」である。全国には古くからの和紙産地があり現在も生産が行われているが、それぞれの産地によって主力の製品が異なっているし、それを支える製紙技術にも特徴がある。土佐では、財務省造幣局での紙幣生産に用いられる原材料を生産しているのが大きな特徴である。伝統的な和紙が近代的紙幣に用いられるようになったのは、土佐における和紙生産技術の革新によるところが大きいこと、さらにそれが、世界的に見ても評価の高い日本紙幣の品質を支えていることを明らかにした。彼女は現在、四国の国立大学に勤めている。

6例目は、高校教諭が論文博士を目指して論文を提出してきた例である。当人は、すでに林業や木材の経済史に関する著書を出版していて、歴史に関する造詣も深く、知識の蓄積も十分と思われたので、論文を通読してみた。木材流通史に関する研究で、量的には原稿用紙1000枚に達する大論文であった。しかし、歴史的な変遷については詳細に述べられてはいたものの、何故そのように変化してきたのかについての論理的な説明については、残念ながらほとんど述べられていなかった。博士論文としては最も重要な部分であり、それがないと博士論文としては認められない。そこがまさにレポートと論文との分かれ目である。

何度もアドバイスして追加と修正を繰り返したけれども、博士論文のレベルにまでは達しなかったので、大変残念だったが断念してもらわざるを得なかった。

第二節　大学の人事

私の場合、大学の博士課程にいた時、教授から「地方大学の助手ポストが空いたので、そこに行かないか」と有難いお誘いがあった。しかし、私は家の事情から京都を離れられなかったので、大変申し訳なかったが丁重にお断りをした。それから1年余りしてから、今度は京都大学の助手にならないかとのお誘いをいただいたので、有難くお受けした。こうして私は大学の助手となり、以後、講師・助教授を経て教授になった。その間ずっと京都大学に在籍し、他の大学に勤めたことはない。

京都大学の林学科の教授になった人達の経歴を見ていると、大学内で助手から順次昇進して教授になる場合、他大学に転出してから京都大学の教授になる場合、そして他大学出身者で京都大学の教授になる場合といろいろであるが、最も多いと思われるのは第1のケースで、それに続くのが第2と第3のケースではないかと思われる。

次に、私が教授を務めていた当時の人事の仕方をみてみよう。

まず自分の研究室の助手（現在の助教）を採用する場合は、研究室の博士課程の院生から選抜するが、その際、業績としての論文数や研究分野、年齢、人柄なども考慮する。助手人事は実質上、研究室の教授の意向で決められた。

博士課程の院生から、他大学の助手になるケースとしては、2000年ごろまでは、教授の推薦で系列の国立大学の助手になる例が多かった。ところが、それ以降は、国立大学の助手ポストの減少や公募制の一般化などにより、従来のように教授推薦できる余地が少なくなった。その結果、大学院生が自主的に公募に応募するケースが大部分となり、とくに公立大学や私立大学にポストを見つけるケースが増加した。私の研究室からも、早稲田大学や東京大学に就職した人もいる。そして、そこで昇進して教授になるケースも出てきた。公募となると、大勢の応募者の中での競争になるので、業績数や研究内容が最も重要な要素となり、いかに多くの優れた論文を作成したかにかかってくるといってよい。

講師について、数少ない例であるが次のような人事があった。

系列大学ではない、ある地方大学の教授から次のような依頼があった。「今度、私の大学で講師を採用したいと思っているのだけれども、おたくの助手をしている○○君を推薦してもらえないだろうか」と。その理由を尋ねたら、「常々、彼の学会発表や学会誌に掲載された論文を見ると、いい論文を書いていて有望な人材だと思うので、引き抜きのようになるけれども、よろしくお願いしたい」と言うのである。

私としては、自分の研究室のスタッフを評価してもらって大変うれしかった。しかし、本人の意向も聞いてみなければならないので確認すると、本人も希望したのでその人事はスムースに進んでいった。現在では、当該大学の教授としてその役割を立派に果たしている。

研究者として、優れた論文を書くことの大切さがよくわかる事例である。

次に助教授（現在の准教授）の場合について述べてみよう。

まず、博士号を持っているのが大前提となる。その上で、研究室の助手や系列大学に適切な人材がいないかを検討する。助教授ともなれば将来は教授候補でもあるので、それも見据えた人選となる。年齢は研究室の教授の年齢より下で、10歳程度離れていることが望ましい。というのは、教授と年齢が接近していると、その助教授が将来教授に昇進になったとしても、教授として活躍できる年数が少なくなってしまうからである。

次にこれが最も大切であるが、研究分野と研究業績の数、それにその分野で優れた研究をしていることが重要である。つまり研究の量と質の両方を重視する。さらに人柄なども考慮して最終的に候補を絞る。ただ、助教授の採用についても、また次の教授人事についても、近年は公募によるものが一般化しつつある。

最後に教授の人事についてであるが、教授人事は一般的には、定年退職をする教授の後任について行われる。これについては、当該研究室の退任する教授は関わることはできず、学科内の他の教授の総意で人選される。

教授人事の選抜基準は、原則として助教授人事とほぼ同じと考えてよい。

大学の人事においては、業績がとても大切であることは繰り返し述べてきたが、ただ論文の数を重視し過ぎると、新たな問題が生じてくる。

論文数をあまり意識しすぎると、研究結果が短期間に出るような簡単な研究に集中しがちになる。そうなると、結果が出るのに長時間を要し、多くのエネルギーを必要とする研究には誰も目を向けなくなってしまう。

企業に例えるなら、短期に儲かる事業ばかりに集中して、長期にわたる研究投資をおこなって未来に向けて新商品を開発する姿勢がなくなることを意味するが、企業としてはどちらかに偏るよりは、両方のバランスがとれていることが必要であろう。

研究者も同じことであって、たとえ3年間に1本の論文しか書けなくとも、その1本が質的に素晴らしい論文であれば、それなりに評価する仕組みも必要である。

ちなみに学術論文が学会誌に掲載される場合は、投稿原稿枚数に制限があるので、長編の論文は受け付けてもらえない。私たちのような社会科学分野であれば、膨大なデータをベースにしているので、全体を表現しようとすると長文の論文となってしまい、そのままの形では、学会誌に掲載不可能となってしまう。確かに、数回に分けて学会誌に投稿するという方法もあるが、しかし分割することで、論文全体の趣旨がうまく伝わらないことも多いのである。

従って、そうした長編の論文であっても学会誌に掲載されて、かつ論文数としても1つではなくて、数篇の論文としてみなされる仕組みも必要なのである。

さて、1990年代に京都大学でも大学院重点政策が進められ、それまで定員を割ることの多かった大学院の修士課程及び博士課程の学生定員を、100パーセント満たすよう方針が打ち出された。しかし一方では、助手定員の削減が行われ、他方では一般企業の大学院卒学生の採用が増えなかったために、大学院卒学生の行き場がなくなってしまい問題となった。その救済制度として、博士課程が終わると給料を支給するポスドク採用制度が新設されたが、給与はもらえても任期付きのために身分が不安定で、長期的な研究に打ち込めないという大きな問題がある。

大学院を出ても就職先が見つからないのでは、優秀な頭脳が大学に滞留してしまって大きな社会的損失となるし、大学院生の研究意欲の低下にもつながる。

ここで、教官の昇任に関しての問題について少しふれておきたい。

同じ研究室内で、助手から助教授、助教授から教授と昇進する場合、また他大学に転出して昇進する場合でも、論文数が重視される。例えば、助教授候補であれば15本程度、教授候補ともなると30本くらいの業績が必要だというように、より多くの数が必要になる。通常、比較的シンプルな論文であれば1年間に1本ぐらいの論文は書けるはずであっても、ともすると3年の間に1本も書けない場合が出てくる。そうなると業績数が不足して、ポストが空いても昇進や転出ができず、長い間、助手のままとか助教授のままであったり、極端な場合は定年まで助手という例も出て来る。すると世代交代もスムースに行かなくなるし、研究室の活力も低下してしまう。このような事で私も大変苦労したことがある。

その原因にはいろいろ考えられるが、もっとも問題なのは、研究に対する意欲と関心をなくしてしまう場合である。大学の研究者は、いわば自己啓発をしながら研究を進めていかなければならないが、一度、意欲や関心がなくなると、再起不能に陥ってしまうことがある。そうならないように、教授は絶えず、助教授以下のスタッフに対して、研究のしやすい環境づくりに努力したり、業績づくりのアドバイスをしたりするが、本人の意に沿わないと、時にはパワハラだと訴えられることもあるのが難しいところである。

従って、研究者は自分の研究分野に絶えず関心や興味を持ち続けて、積極的に研究を推し進めることがとても大切である。

ただ、次のような例があったことも考慮にいれておかなければならない。

私が教授になってから、何人かの博士課程の院生が地方大学の助手になったが、そのうち2名は、数年後に辞職して転職した。その最大の理由は、大学教官という職業が一生涯の仕事として適していないと考えたことによる。

一方では、ある卒業生は、大手の企業に勤めて海外駐在も経験したが、途中退職して、公募で公立大学の教官になった。この場合は上記とは全く逆のケースで、会社勤務よりも大学教官の方がより適していると考えたからである。

以上のように、大学教官という職業が、当初思い描いていたのとは異なり、他の職業に転職したいと思うケースも当然ありうる。また逆に、サラリーマンから研究者に転職したいという場合もありうるが、いずれにしても我が国では途中転職は容易ではないので、こうした途中転職がより支障なくできるような社会であってほしいと思う。

第三節　教授の仕事と収入

既に述べてきたように、教授の主な仕事は研究と教育であるが、研究についてはすでにふれたので、ここでは教育について述べてみよう。

まず講義は週に2～3コマ、つまり2～3科目の授業を担当し、その他に夏休みを利用して行う実習などがある。授業時間は90分である。

助手は講義は持たなくてもよいが、講師以上の教官は講義を持たねばならない。授業名と内容は担当する教官によって自由に決められ、学生諸君に学んでおいてほしい内容とする。

講義を初めて担当すると、講義内容の準備にいろいろと苦心するが、今までの自分の研究成果や調査の経験も取り入れながら独自に構成できるので楽しい作業でもある。
その際心掛けているのは「聞いている学生によく理解できるように、同時に興味を持ってくれるように」であるが、ことはそれほど簡単ではない。

実習は、山村調査や林業経営調査それに木材流通調査など、林業や木材流通の現場を訪問し、見学したり聞き取り調査を行ったりして、現場での実体験に重点を置く。数日間に及ぶので大学の演習林に宿泊したりして実施するが、学生諸君は都会出身者が多いので、山村や林業の現場に行くのが珍しいのであろう、大変関心を持って参加してくれる。

また、他大学から依頼されて講義を担当することもあり、これを非常勤講師と言う。距離の近い大学だと通勤で週1回の授業が可能であるが、遠距離の大学だと泊りがけで出かけて数日間連続での集中講義となる。他大学での講義は1年当たり1～2件あり、もちろん講師料が出るが、大学当局の許可を得なければならない。

外国の大学での集中講義もある。私は中国の南京林業大学にしか行ったことがないが、その時の様子について述べてみよう。

中国の場合は、1週間の集中講義をするが講義料は一切出ない。その代わりとして、あとの

1週間は無料で中国国内旅行に連れて行ってもらえる。夫婦で行ってもよいが、日本から上海までの往復運賃だけは自己負担で、それ以外の中国国内での旅費、宿泊、食費はすべて2人分とも相手方持ちである。

南京林業大学

講義内容は、先方から「日本林業について」というように、その都度希望が出される。学生と教官合わせて60名ぐらいの聴衆の前で1日3コマを6日間行う。初日には大学の幹部が歓迎会を開いてくれて、大変和(なご)やかな夕食会になるが、いくつかのスピーチが終わるごとに「カンペイ」となって、中国の強い酒がふるまわれる。

次の日からは通訳付きの講義が始まり、20分区切りくらいで質疑応答時間になるが、中国の学生はめったに質問をしない。何故かと聞いたら、「日本の大学の教授が講義をしてくれているのに、質問をすると説明不足を指摘しているようなので、そのような失礼なことはできない」というのである。でも講義をする側としては、何も質問がなければ、自分の講義が理解してもらえているのかどうかが把握できないのでかえって心配になる。

このような集中講義を何回か繰り返していると、「京都大学に留学をしたい」とか、「息子が博士号をとりたいと言っているが、どうすればいいか」という話も出てくるので、大学間交流としても大変意味がある。


1週間の講義が終わると今度は中国国内旅行である。あらかじめ希望を聞かれて、希望のところにガイド付きで連れて行ってもらえる。ある時、敦煌を希望したけれども、遠距離過ぎるという理由で実現しなかった。きっと遠距離だと旅費がかさむからであろう。国内旅行は観光地巡りが中心となるが、一般の観光旅行では行けないようなところにも連れて行ってくれるし、面白い体験もできる。

もっとも思い出深いのは、食べ物に関してである。1週間の旅行のうち6日目迄、毎日3食すべてが中華料理であった。私は、海外に出かけた時には2~3日ごとに和食が欲しくなり、日本料理店を探すことになるが、日本料理店がなければ中華料理店を探す。中華料理であれば当座は何とか我慢できるからだが、中華料理が何日も続くとこれまた我慢が出来なくなる。

6日目の朝、いよいよ我慢が限界に達したので、その旨をガイドに伝えたところ、「考えておきましょう」と言ってくれた。北京の郊外八達嶺に行くとたまたまマクドナルドの店があったので、あそこで食事をしたいと言うと、快く連れて行ってくれた。その時のマックのなんとおいしかったこと、今でも中国旅行で一番おいしかった食べ物として脳裏に刻まれている。

集中講義ではないが、スペインに行った時に最もおいしかったのは、たまたま食べたイワシの塩焼きであった。それは日本で食べるのと全く同じ味で、遠いスペインにもこんな料理があったのかと涙が出てきた。

教育や研究以外の大学教授の仕事として、学会や研究会の役員や委員としての活動がある。学会や研究会は研究者の研究発表や議論の場であり、大変重要な機能を果たしているので責任は重い。全国の大学や研究所のメンバーが分担して行う。

その他に、地方自治体の各種委員会や審議会の委員としての職務がある。林業や森林に関するものから、緑化や建築関係の委員会もあるが、開催回数はそれほど多くはなく、それぞれ1年に2~3回程度であり、委員手当が支払われる。こうした委員会では、自由に発言ができるとは言うものの、地方自治体の意向にどうしても忖度してしまうケースもある。

よく政府の委員会や審議会では、「イエスマンの委員ばかりで構成されていて、結論ありきの委員会になっている」という批判的な意見があるが、必ずしも否定できないと思う。

なお、政府の委員会や審議会は開催地が東京都内なので、ふつうは関東エリアの大学の教授が指名されて委員になるので、私たちが出かけていくことはほとんどない。

その他、講演の依頼はかなりある。ロータリクラブやソロプチミストクラブ、林業や木材業界の団体、私立学校の父兄会、地方自治体主催の研修会などなどで、泊りがけで出かけることもある。

その場合は、大学当局に費用は先方負担という事で出張届を出すが、原則として自分の講義を休んでまで出かけはしない。

ケースとしてはそれほど多くはないが、林業関係のコンサルタントのような仕事を頼まれることもある。たとえば、山林所有者などから相続税や所得税それに山林に関するトラブルについて相談されて、現場まで行ってアドバイスをしたりする。弁護士から、山林境界争いの件で相談を受けることもある。

さて、教授となればどれぐらいの給料をもらっているのであろうか。さぞかし高給取りだと思っている人も多いのではないだろうか。昔の帝国大学時代の教授だと大変な高給取りで、京都北白川あたりの高級住宅地に立派な邸宅を構えたり、祇園街の常連さんの教授もあったと聞くが、新制大学の教授ではそのような例はとても少ない。一言で言えば国家公務員や地方公務員の部長級の給与レベルであろう。ただ、どんなに夜遅くまで研究室に残って仕事をしていても残業手当は全くないので、その点からすると、むしろ公務員より少ない収入になるかもしれない。

教授によっては、確かに給料以外の収入が数百万円を超える場合もあるようである。それは例えば、原稿料、著書の印税、企業の顧問料、講演料などの収入が多い著名な教授の場合である。

残念ながら、私たちの分野ではそのような高額収入はあり得ない。研究成果として書籍を出版する機会も多いが、沢山の部数は売れないので出版費用を賄うどころか赤字になることも多いからである。

いずれにしても給料以外の収入は限られていて、すべてを合わせても年間数十万円程度である。それは教授個人の収入として自由に使えるので、ストックしておいて海外へ行くための費用、例えば、国際学会への出席や海外林業視察の旅費などにあてる。

こうして私は、国際学会には4回（旧ユーゴスラビア、カナダ、ドイツ、フィンランド）と、海外の視察旅行に5回（ニュージーランド、シベリア、中国、インドネシア、ヨーロッパ）出かけた。

なお退職金については勤務年数にもよるが、これもほぼ公務員の水準と言ってよい。しかし、一流企業や私立大学に勤めていた同級生と比べてみると、彼らの退職金や年金額は私達の1・5~2倍近くもあり、大変うらやましく思う。

教授の仕事に関して、付け加えておきたいことがある。

国立大学の教官は、原則として兼業は制限されている。例えば、大学教授が大手企業の正規の会社員になることはできない。それは大学の職務と会社の業務とを兼ねるのは物理的に無理だと考えられているからである。ところが、農業や林業あるいは漁業を個人経営の形で行えば、兼業とはみなされない。だから私も生家の林業経営を同時に行ってこれたのである。

新型コロナウイルスの流行に伴って、リモートワークが新しい働き方としてクローズアップされているが、この方法だと、田舎に住んで大学に勤務することも可能となるので、農村で土地を借りて農業を行ってもよい。もっとも、兼業している農林業に収入があれば、大学の給料などと合わせて税金の申告をする義務があるのは言うまでもない。

その他の各種の兼業の可否については、それぞれ規定に従って大学当局によって判断される。

第四節　その他の仕事

学内の仕事として学科主任や各種委員会など多くの委員会があるので、絶えず、2~3の委員会にかかわらなければならない。ある時、大学北部構内の駐車規制を行う交通委員会の委員をしたことがある。その時の担当委員は2名で、農学部が私で、理学部はノーベル物理学賞をもらわれたあの益川先生であった。当時は受賞されるかなり前で、そんなにえらい先生とは思ってもいなかったので、受賞された時は大変驚いた。とても気さくで優しい先生であったので余計に驚いたことを覚えている。

以上のように、教授になると教育や研究以外の仕事が増え、学科教授会や学部教授会への出席やそれに付随する仕事も出てくるので、どうしても研究に充てる時間が少なくなってしまう。

第五章　研究人生のおもしろさ：海外でのエピソード

研究のために今まで訪れたところは、国内ではおよそ40都道府県、海外では30か国以上になる。海外の地域としては北アメリカ、北欧、ヨーロッパ、東南アジア、オセアニア、シベリア、中国などで、残念ながらアフリカ・中近東や南アメリカに行ったことはない。

研究や調査で行くのであるから、一般の観光で行く海外旅行とは違った経験をすることも多いので、その分、何時までも忘れられないことも少なくない。

ここではそのようないくつかの体験をエピソード風に述べてみよう。

第一節　フィンランドでの腹痛、病院へ

在外研究員として滞在していたフィンランドでは、大学近くのアパートを借りて住んでいた。2階のフロアーだったが天井が高くて古いアパートであった。アパートに住み始めて3か月ほどたったころ、時々腹痛がしてトイレに行く回数が多くなった。日本からは整腸剤や胃腸薬を持って行っていたので、服用したけれども症状はよくならない。よくなるどころか、軟便も出

てだんだんひどくなるようだった。服用する薬を変えてみたり、おなかを温めてみたがやはりよくはならない。少し微熱もある。

私を受け入れてアパートなどの世話をしてくれたのは、日本学術振興会とコラボしている現地の組織だったが、その担当者に相談してみたところ、症状を聞いてすぐに対応してくれた。「Aクリニックを予約しておいたので、指定した時刻に診察に行ってください」という事だった。

アパートから歩いて15分くらいの所にそのクリニックはあった。5階建ての白いビルディングで、その5階にクリニックがあった。クリニックに入って受付を済ませて待合室で待っていたが、他に待っている患者は誰もおらず、私一人だけだった。

しばらくすると、白い衣服を着た40歳くらいの女性が出てきて握手をしつつ、「いらっしゃい、どうぞ診察室へ」と声をかけてくれたので、てっきり看護婦さんが迎えに来てくれたと思って彼女について診察室に入った。

「どうぞお座りください」と言いながら椅子をすすめて、彼女は向かい合った椅子に座った。看護婦さんだと思った彼女は医者だったのだ。

それから問診が始まった。現在の症状に続いて、既往症や、体質、生活環境、家族の健康状態、食べ物の好ききらい、職業など、根掘り葉掘りおよそ1時間ぐらいの問診であった。

それからお腹に触ったり、聴診器を当てたり、眼球や舌を見たりして日本の医者と同じような触診をしてくれた。一通り診察してから血液検査と尿検査もしてくれた。検査結果は1週間後にわかるので、1週間後にもう一度来てほしいというので予約をして帰った。

1週間後に再びクリニックを訪れると、この前と同じように彼女が握手をしながら迎えてくれた。そして「検査結果と診察の結果、あなたの悪いところは見当たらない。従って、具体的な病名はわからない。もし希望するなら大学病院を紹介するので、そこで診察を受けますか」と言った。依然として腹痛と軟便が続いていたので大学病院に行きたいと告げると、彼女はすぐに大学病院に電話をして診察の依頼と予約をしてくれた。

1週間後の指定時刻にヘルシンキ大学の病院を訪れた。古い建物で暗い感じのする廊下のソファに座って待っていた。患者はほとんどいなかった。

間もなく診察室から白い診察着を着た40歳くらいの男性の医者が出てきて、握手を求めながら「いらっしゃい、ミスター岩井ですか、どうぞ診察室にお入りください」と言って診察室に入れてくれた。この間の女医と同じように、患者の私に握手をして迎えてくれたのである。クリニックだとビジネス上のサービスかもしれないと思っていたが、今度は大学病院の医者が同じように迎えてくれたので大変驚いた。我が国だったら、大学病院の医者が待合室まで迎えてくれるなんて経験したこともないし聞いたこともない、そんなことはあり得ないだろう。
診察室に入ると2～3人の研修医と思われる若者が座っていた。

ヘルシンキ大学病院

早速に診察が始まった。先日のクリニックと同じように、大変丁寧な問診と触診が行われた。ほぼ1時間かかった。日本の大学病院では3分診察とよく言われるが、それに比べると比較にならないほどの丁寧な診察だった。クリニックと同じく、検査をしたいので1週間後に来るようにと言われ、予約をして病院を出た。

1週間後に病院に行くと、一連の検査をした後で、結果を聞くためにさらに1週間後に来るように言われた。予約をして帰宅したが、依然として腹痛は続いていた。

1週間後、これでやっと腹痛の原因がわかるだろうと期待して大学病院を訪れた。

検査結果を見ながらゆっくりと医者が口を開いた。
「ミスター岩井の腹痛の原因は、よくはわからない。ただ、消去法で病名を考えていくと、残る病名はただ一つミルクアレルギーだと思われます。」と。

　私は日本ではそのような症状を起こしたことがないと告げると、医者は「それは次のように考えるとうまく説明できます。あなたは今まで日本で生活をしてきましたが、日本の食事ではミルクをとったとしても、大量にとることはまずないでしょう。でも、フィンランドで生活すると、こちらの食材には多くのミルクが含まれていますし、また調理にも大量のミルクを使います。ミルクやバター・チーズも含めると大変な量のミルクが体に入り、限度を超えたところで、あなたの腸がそれに耐えられなくなって拒否反応を起こすのです。それがミルクアレルギーで、腹痛を起こします。だから、このアレルギーを治そうと思えば薬では無理で、ミルクを一切取らない生活をしなければなりません」と。大変よくわかる説明であった。

　それに対して次のように聞いてみた。「私はこれからまだ数か月もの間フィンランドに滞在する予定です。しかし、ミルクをとってはいけないとなれば食べるものがなくなり、フィンランドでは生きていけなくなります」と。

　それに対する回答は次の通りだった。「大丈夫ですよ。実はフィンランド人にもミルクアレルギーの人はいまして、そういう人たちのための方策がとられているのです。例えば、スーパーに行くと必ず1種類はミルクの入っていないパンを売っていますし、レストランに行けば、必ず1品だけはミルクの入っていないメニューが準備されていますので、『without milk』と言って注文してください」と。

大変納得出来る回答だった。

それで、全くミルクをとらない食事を続けたところ、1週間ほどしたらまるで忘れたかのように症状が消えてしまった。私は元来スイーツが好きなので、腹痛が治ったのでやれやれと思い、ケーキを半分だけ食べてみた。するとてきめんに腹痛が再発した。それからは意識してミルクの摂取を少なくする食事をとることで、ついにミルクアレルギーは治まった、やれやれであった。

日本に帰ってきてからは一度もミルクアレルギー症状は出ず、これでおさらば出来たと高をくくっていたのだが、しかし、私のミルクアレルギーは完治したわけではなかったのである。

次に現れたのは、全く私的な旅行をしている最中であった。

旅行大好きだったので、外国に出かけてもよく鉄道に乗り、人のあまり行かないところに行くのが好きだった。ある日ふと思った、「今まであちこち旅行をしてきたけれど、大型船で旅をするクルーズ旅行には行ったことはないな」と。思い起こせば、昭和30年代に関西汽船の別府航路に、「くれない丸」という、当時としては豪華客船が運行していた。旅好き人間としてはぜひ乗っておかねばと、わざわざ乗りに行ったことがある。

しかし、最近ブームとなり始めた大型のクルーズ船にはいまだ乗ったことはない。旅好き人間としては、是非一度経験してみたいと思った。大学を退職して間もなくの頃であった。

そこで旅行社でいろいろと相談して、結婚記念日に家内同伴でエーゲ海クルーズに出かけることにした。ローマの郊外チビタベッキアを出発して、地中海、エーゲ海、イスタンブールまで行って、10日ほどで再びローマに帰って来るコースであった。

ローマに1泊して、翌日から大型船に乗ってクルーズに出発した。船の名前は「グランドプリンセス」、横浜港の新型コロナウイルスの集団発生で話題になった「ダイヤモンド　プリンセス」とよく似た名前である。実はこの2隻は英国の船会社が所有する船で、ともに長崎の三菱重工造船所で作られた姉妹船なのである。もちろん当時はそんなことを知る由もない。

エーゲ海を航海してアテネやエーゲ海の島々を訪ね、イスタンブールまでやってきたころから、おなかの調子が悪くなってきた。便も柔らかくなって微熱も出てきた。風邪かもしれないと思って風邪薬を飲んだが一向に良くならない。ひどくなってきたので、医者に診察してもらうことにした。船には何千人もの客が乗り、船に宿泊しながら10日間の長旅をするので、必ず船医が乗っていて乗客の健康管理と治療を行っている。医務室に連絡をすると、すぐに来るようにと言われ診察してくれた。問診と触診を終えた医者は次のように言った。「風邪の可能性もありますが、胃腸障害かもしれません。それならばたいしたことはないのですが、最も怖いのはアメーバ赤痢などの伝染病です。もしそうだとすると、このようなクルーズ船では急激に広がりますので、万が一のことを考えて、2～3日は自分の部屋から出ないでください。食事はボーイが部屋までお持ちしますので大丈夫ですよ。」と。これはえらいことになったと思ったが、船から降りることもできないので、指示に従うしか方法はない。

そこでふと頭をよぎったのが、ミルクアレルギーである。よく考えるとフィンランドでの症状とよく似ている。イタリアに来てからはずーっと洋食を食べてきた。特に、船のレストランでは食べ放題だったので、恐らく沢山のミルクが体の中に入ったはずである。もしかしたら、またミルクアレルギーが起こったのかもしれない。

「それならば、ミルクを制限しない限り回復はしない」

クルーズ船　グランドプリンセス

と考えて、ボーイに without milk の食事を持ってきてくれるように頼んでそれを食べた。なんとまる1日でけろりと治ってしまったのである。

その後はミルクに気を付けて旅行を続けて無事に帰ってきた。

外国に行った時にはミルクに注意が必要だと、この時初めて強く自分に言い聞かせた。

それから10年ほどしてから、あのダイヤモンドプリンセスで新型コロナ感染騒ぎが起こり多くの死者も出た。その時思ったのは、「ダイアモンドプリンセスの船医が、1人2人の発熱者が出た段階で隔離処置をしていたら、あのような事にはならなかっただろうに」ということである。

専門外でよくわからないが、もしかしたら藪医者だったのかもしれない。いや、地中海クルーズの船医の方が名医だったのかもしれない。

第二節　海外長期滞在でホームシック

ミルクアレルギーを克服して、数か月はヘルシンキで快適な生活を送ることが出来た。しかし、全く快適とまではいかず、今にして思えば少しずつ変化が起こっていた。

私はそれまで転居や下宿の経験は全くないし、通学も通勤もすべて自宅から通っていた。だから、食事を自分で作ることもほとんどなく、料理一つ作れず、ご飯も炊けないし洗濯もできない。そのような男がヘルシンキのアパートに住んで、1人暮らしを始めたのであるから、何か起こらない方がおかしい。

ヘルシンキのアパートの室内

ヘルシンキはヨーロッパの田舎町だと言ったが、日本人に会う事はほとんどない。だから日本語を聞くこともほとんどない。日本料理店に行っても、そこは中国人の経営なので日本語は聞けない。ラジオで日本の短波放送が入るが、電波の都合で条件のいい時だけしか聞こえない。日本語の文章を読んでみたいと思っても、日本の新聞や本は売っていない。建物の色も日本の色彩とは違う。車のクラクションの音も日本の車とは違うし、漂ってくるにおいも日本のとは違う。

とにかく五感で日本が感じられるものは全くないのである。

そこで、家内に電話をして文庫本を何冊か送ってもらった。むさぼり読んで3日で全部読み終えてしまった。

もう一度電話をして、今度は日本の新聞を5日に1度、航空便で送ってもらうことにした。日本の近況がわかり大変ホッとした。

日本の演歌が好きなので、次にカセットレコーダーと演歌のカセットテープを送ってもらった。夜ベッドに入って聞いているうちに、だんだんと悲しくなって涙が出てきた。毎晩そんな状態が続き、それからしばらくすると体に異変が現れてきた。

実はフィンランドに来る3年ほど前に、慢性前立腺炎にかかり長い間通院したことがある。下腹部が痛いというより、不快感が絶えずあってとても気持ちが悪いのである。前立腺に細菌がが入り込んで炎症が起きるのであるが、厄介なことに抗生物質などの薬はほとんど効き目がない。ひどい場合には、気持ちが悪くてノイローゼになる人もあるらしい。2年間ほど通院してやっと症状が消え始めて、フィンランドに来る頃にはほぼ完全に治癒した状態だった。ところが演歌を聞くようになったころ、その症状が再び現れたのである。以前と同様、とても気持ちが悪くなって居ても立ってもいられなくなった。

受け入れの担当者に連絡をすると、今度は、泌尿器科のある総合病院を紹介してくれた。診察してもらい、1週間後に各種の検査をして受けて、さらに1週間後に結果を聞きに行った。診断結果は「どこも悪いところはない、前立腺もその他のところも大丈夫」というのである。

ちょうど日本に帰国する1か月前だったので、「これからまだしばらくはヘルシンキにいなければならないが、とてもがまんができない」と訴えてみたものの、「どこも悪くないのだから、渡す薬はない」とそっけない。日本であれば、「それならばビタミン剤でも出しておきましょう」という事になるのだろうが、フィンランドの医者は頑固であった。いくら言っても薬は出してくれないのである。

仕方なく帰ってきたが、もう一つ心配なことがあった。

帰国する10日前に家内を呼び寄せて、しばらく北欧の観光をしてから2人で日本に帰国する約束をしていたのである。しかしこんなに前立腺の具合が悪いと、とても旅行なんか楽しんでいられない。しかし、家内は北欧は初めてなのでとても楽しみにしているはずだから、いまさらやめようとはとても言えたものではない。

そう思いながら時間が過ぎて、いよいよ家内がやってくる日を迎えた。デンマークとスウェーデン、それにフィンランドを回る予定だったので、デンマークのコペンハーゲン空港まで迎えに行った。その時もまだ調子は悪く横になりたいほどだった。

ゲートの出口で待っていると家内が姿を見せ、久しぶりの再会を喜び合った。それからコペンハーゲンの見どころを回り、ストックホルムを経てヘルシンキに帰ってきた。不思議なことに、それ以降は調子がよくなり、ヘルシンキ大学の教授にも御礼の挨拶を済ませて無事日本に帰ってこれた。めでたしめでたしであった。

帰国してひと月ほどしてから、高校時代の同窓会が京都で行われ、久しぶりなので私も参加して楽しいひと時を過ごしていた。すると、阪大の教授をしているI君が私のそばにやってきて、次のように切り出した、「岩井君、君は長い間フィンランドに行っていたそうだが、無事に帰ってきたのか」と。「なんでそんなことを聞くのか」と尋ねたら、「いやね、僕も間もなくベルギーに長期研究に行くつもりなんだけれど、無事に帰ってこられるかどうかちょっと心配でね。外国に単身で行くと、精神的にまずいことになることがあるのでねえ。」という。彼はアメリカのマサチューセッツ工科大学で博士号をとった秀才で、長期の留学経験があり、外国には慣れているはずなので、何故そんなことを聞くのかと尋ねてみた。「アメリカにいた時は独身時代だったけれど、今は家庭持ちだからね」というので、「そんなことで違いがあるのかね」とさらに聞いてみると、「独身時代に行くのと、既婚者が単身で行くのとでは、全く違うんだよ。実はね、僕の友人で神戸大学の教授をしているのがいたんだけれど、彼が2年前、ウィーンで1年間研究していたところ、帰国ひと月前に自死してね。彼は結婚していて単身でウィーンに行ってたんだけど、家庭を持っているのが単身で行くのが一番怖いんだよ。簡単に言うとホームシックなんだけれど、それが高じると自死に至ることがあるんだよ。世間にはあまり知られてはいないけれど、そんな不幸な事例が割合多いんだよ」

そこまで聞いて私ははっとした。ヘルシンキで苦しんだ、あの言いようのない気持悪さの原因がやっとわかった。道理でコペンハーゲン空港に到着した家内の顔を見た途端、あの忌まわしき症状がそれっきり消えてなくなったのは、ホームシックが治ったからなんだ。

外国に支社であるとか駐在員を置いている日本の企業が、既婚者の社員を海外駐在員として派遣する場合、単身ではなくて、可能な限り家族ぐるみで派遣するのは、ホームシックになるのを避けるためだそうである。それは日本人に特有のことなのか、他の国の人達にも言えることなのかは知らないけれど。

第三節　ドイツハンブルグの飾り窓

私は、遠隔地へ泊りがけで調査に行く時は、できるだけその地域の夜の繁華街を訪れる。繁華街と言っても飲食店やバー・スナック・キャバレーなどが軒を並べている賑やかなエリアである。仙台なら国分町、東京なら歌舞伎町や日暮里、徳島なら秋田町、広島なら薬研堀、といった具合である。もちろん楽しむためでもあるが、賑わいの状況から地域経済の繁栄程度を探るため、その雰囲気からその地域の特徴をつかむためなど、いろいろな目的がある。

江戸時代、北前船の立ち寄る港には色街が発達した。わが京都の宮津はその典型的な町であり、宮津節はその繁栄ぶりを謳った民謡である。外国でそのようなところに行くには少し勇気がいるが、とても興味がある。

ドイツのハンブルグは、中世からの港町として栄えたところで、ハンバーグの発祥地でもある。ハンブルグの森林研究所を訪れた時、たまたま午後3時ごろに予定の仕事が終わった。相手をしてくれた研究者が「夜になるまでは少し時間があるけれど、それまでどこかに行くのかね」と尋ねるので、「せっかくハンブルグに来たのだから、レーパーバーンに行ってみようと思う」と言った。レーパーバーンというのはハンブルグの大歓楽街で、かの有名な飾り窓もあると聞いていたので、そこにも行ってみたいと付け加えた。

するとその研究者は「それはいい、飾り窓は面白いよ、日本にもそんな所はあるのかね。でもね、飾り窓の店の中に入るには、相当腹をくくって入らないといけないよ」というので、「どういうこと?」と聞き返すと、「あのね、知っていると思うけど、飾り窓はショウウインドウのようになっていて、そこにはかわいい女の子が座っていて、前を通るお客においでおいでをしている。この子がいいと思って指名すると、実は半数は女性だけれど、半数は男性なんだよ。いざという段になって、男性だと気づいて慌てて帰ろうとすると、中から怖いお兄さんが出てきて、『お前、馬鹿にしているのか』と言って脅されるからね。いくらお金を払うといってもダメなんだよ。プライドを傷つけられてけしからんというわけなんだよ。」そんなことがあるのかと思い、「中には入らないから大丈夫」と言って、表から見物するだけにした。

その森林研究所から住宅地を通って、レーパーバーンまで歩いた。住宅地の街角には所々女性が立っていて、男性が通ると時々声をかけてくる。さすが世界に冠たる繁華街を擁するハンブルグである。

レーパーバーンのエリアにはさまざまの店が並んでいて、裸の女性の看板があちこちに出ている。

そしてやっと飾り窓のエリアにやってきた。

通りの正面に大きな門があって、そこから先は車は通れないが、小門がついていてそこから人が入れるようになっている。中に入ってみると、通りの両側には何十軒もの飾り窓の店が軒を連ねている。まだ夕方の4時前で、太陽は高い所にあるにもかかわらず、各店には照明がついていてかわいい女性がおいでおいでをして客を招いている。これが有名な政府公認の飾り窓である。

ここで驚いたのは、その飾り窓が立ち並ぶ通りには大勢の子供たちが楽しそうに声をあげながら遊んでいることだった。なんとも違和感のある不思議な光景であった。恐らくそこで働いている女性の子供たちなのであろう。

第四節　旧ユーゴスラビアでの契約違反

今から40年余り前のことであるが、初めて国際学会に出席した。旧ユーゴスラビア、現在のスロベニアの古都リュブリャナで1週間にわたって開かれた。

一般に、日本の学会では夫婦同伴で参加することはあまりないが、国際学会においては夫婦同伴は珍しくない。そのような話を聞いていたので、私も家内を同伴して参加したが、もちろん旅費は個人負担である。大会参加費は5万円程度であり、大会の運営つまり会場費、人件費、パーティー開催費用、プログラムや学会発表集の発行費などに充てられる。学会の開催地は数年ごとに次々と変わっていく。私の経験したのは、旧ユーゴスラビアのリュブリャナ、カナダのモントリオール、ドイツのベルリン、フィンランドのタンペレであった。

ハンブルグの繁華街レーパーバーン

同伴者は普通、学会期間中に開かれるオープニングセレモニーや懇親会パーティーには出席するが、研究者ではないので学会発表には出席しない。従って、学会発表が行われている間は時間を持て余すので、同伴者向けのワンデイツアーつまり日帰り旅行が企画される。リュブリャナから100キロメートル以内の観光地を回り、民族色豊かな踊りを見たり、織物工房を訪問したり、といった具合である。

このあたりにはカルスト地方と呼ばれる地域がある。つまりカルスト地形の語源になった大変有名なところで、日本の山口県秋吉台や秋芳洞の何倍も大きい、石灰岩が侵食された奇妙な地形がみられる。世界でも屈指の石灰岩洞窟があってトロッコで見学できるようになっている。

残念なことに、研究者は学会発表に欠席してツアーに参加することはできないので、私はこの洞窟ツアーには参加できなかった。この国で最大の観光地には行けなかったのである。ただ後で聞いてみると、一部の研究者もこのツアーに参加していたようである。国際学会はお祭りのようなところもあるので、学会そのものに出席するというよりパーティーとかツアーを楽しむ目的の研究者もいるのである。国際的な交流を深めるためであれば、そのような参加の仕方もあってよいのかもしれない。

さて1週間の学会が終わると、6~7日の日程でエクスカーションに参加した。私の参加したコースは、リュブリャナを出発して林業の村や木材の工場、国立公園やアドリア海のリゾー

エクスカーション参加者の集合写真

トなどを訪問して、最終地ベオグラードで解散する1週間のバスの旅であった。

ヨーロッパの国々、アメリカ、カナダ、台湾や北朝鮮からの参加者30人余りのグループで、日本人は私達だけであった。

アドリア海沿岸のリゾート地スプリットまでは大変順調で楽しいツアーであった。しかし、最終の宿泊地であるスプリットのホテルに到着した時から雲行きが急変した。添乗員はユーゴスラビアの林業試験場の研究部長であったが、突然みんなの前で次のように言った。「今回のツアーの最終目的地はベオグラードですが、都合によりここスプリットで打ち切って解散とします」と。

「何？　ここで打ち切りだと。そんなの契約違反じゃないの？　それに、ここから最終目的地のベオグラードまでは、直線距離で３００キロ以上もあるよ。ここからどうして行けというのか」と思ったのは私一人ではなかった。とりわけヨーロッパから来ていた参加者、とくにドイツとイギリスからの研究者は添乗員に激しく抗議した。

「ツアー打ち切りの根拠は何なのだ。何も説明していないではないか」「契約違反だから、旅行代金を返せ」などと。他の参加者も同調して抗議した。
しかし、「ここで打ち切りになった」と言うばかりで、納得のいく理由は一切なかった。正に「のれんに腕押し」状態で、いくら抗議しても返事は同じ。

ふと今になって思った。最近のロシアによるウクライナ侵攻を見ていて、「ロシアの説明ではとても納得できる理由になっていない」と感じるのと、とてもよく似ているなと。当時のユーゴスラビアは、社会主義国であり、ソビエト連邦と仲間同士であったが、その事と関係があるのかもしれないと勘ぐっている。

本来ならスプリットに1泊した後、翌日観光バスで1日かけてベオグラードに向かい、夕刻に到着予定であった。私は翌々日にベオグラードを出発する航空チケットを持っていたので、是非とも、明日中にはベオグラードに着いておく必要があった。
しかし、ツアーがスプリットで中止となると、明日の夜までにベオグラードにたどり着けるのかどうか、それが最大の問題である。理不尽なことを言う添乗員だけれども、ベオグラードに行く方法について知っているのは彼しかいない。「どのような方法でもいいから、明日中にベオグラードに着ける方法を教えてほしい」と頼み込んだ。
それについては、彼は懇切丁寧に教えてくれた。
「ここスプリットからザグレブに行く飛行機があるので、まずザグレブに行って、そこからベオグラード行の急行列車に乗れば明日中には着けるよ」と。

何とか飛行機の予約をしてザグレブに到着し、タクシーでザグレブ駅に向かった。このザグレブは我が京都市とは姉妹都市提携を結んでいて、古くからある町である。しかし、今回は町のたたずまいを見る余裕さえもなく、ベオグラードにたどり着くことだけで精いっぱいであった。

30分後に出る列車の指定席を予約して、切符売り場で言われたプラットホームで待っていた。目の前にはサラエボ行の列車が止まっていたが、行先が少し違う。だからこの列車が出た後にベオグラード行の列車が来るのだと思っていた。

ところが、発車10分前になっても目の前の列車が一向に動かないので、近くの人に「ベオグラード行の列車はこのホームでいいのか」と確かめた。すると「Your train will be after this train」と教えてくれたので、やっぱりこの列車が出た後に入ってくるのだと思い、もう少し待っていた。しかし出発5分前になっても一向に状況は変わらない。何かおかしいと感じたので、もう一度、近くにいたさっきとは別の人に聞いてみた。「ベオグラード行の急行列車はここで待っておればいいのか」と。

するとと返ってきた答えは驚くべきものだった。

「あなたの乗る列車は、ここに止まっている列車のずうっと向うに止まっているのよ、ここからは遠くて見えないけれど200メートルぐらいはあるのよ」と。

そうだ、私の思っていたように、目の前に止まっている列車が出た後にベオグラード行の列車が入ってくるのではなくて、この列車のずっと向うにその列車が待っていたのだ。

先に教えてくれた人のafterという英語表現がおかしかったのか、あるいは私の聞き間違いか、内容の理解不足なのかはわからない。

時計を見ると発車2分前である、こんなに慌てたことはない、「この列車に乗らないと日本に帰れるかどうかわからない」と思うと、頭の中は真っ白。

家内と2人で大きくて重いスーツケースを引きずりながら、わき目もふらず走り出した。かなりの距離を走ったと思う、ようやく列車が見えてきた。なんと反対向きに停まっていた様で、列車の最後尾にたどり着いた。もう発車のベルが鳴っていたが、ぎりぎり間に合った。

列車に乗ってみると、お客はあふれんばかりで超満員である。切符を見て自分の車両を確かめると、あと5両前方である。３等客車の通路にもぎっしりと人が立っているので、「excuse me」を連発しながら人をかき分けて進んでいく。なりふり構っていられない。

ようやく指定の車両にたどり着いた。やれやれだ、しからば指定されたシートはどこか。その車両はコンパートメントになっていて、向かい合わせの６人掛けである。やっと自分のコンパートメントを見つけて座席番号を確認した。「なに、なに　既に誰かが座っているぞ、どこも空いてないぞ」

慌てて車掌を探して文句を言った「この指定番号には人が座っていて、わしの座るシートがないぞ」と。でも英語は全く通じない。恐らくその車掌はユーゴスラビア語で言ったのであろう、「お客さんの中で、だれか英語のわかる人はいませんか」と。

するとそのコンパートメントの乗客の若者が手を挙げて、通訳を申し出てくれた。

私はオーバーブッキングだと思っていたが、車掌はその事には一切触れず、また一言も不手際について謝罪することなく、「この御客もここに座るので、お前ら少しづつ詰めて２人分のスペースを空けてくれ」と言うようなことを言ったらしい。６人掛けの座席にすでに６人座っていたので、無理やり詰めさせて私たちの席を用意してくれたのである。

ここにも少しも不備の理由を説明しない、ユーゴスラビア人の姿があった。

これで何とか座れてベオグラードにたどり着ける。

ホッとしたので、同じコンパートメントに座っていて英語で通訳してくれた若者に聞いてみた。「どうしてこの列車はこんなに混雑しているの」と。

すると、「今日は国の徴兵の最終日なんだ。僕たちもその徴兵に応じてベオグラードに行くのだけれど、夕方までに到着しなければならないんだ。だからそのような若者で満員なんだ」と返ってきた。

それからがまた大変だった。とにかく、ユーゴスラビアの人たちにとっては、アジアから来た日本人は大変珍しかったようである。ザグレブからベオグラードまでのおよそ4時間にわたって、コンパートメントの人達から質問攻めにあった。いずれも英語のできる若者が、ユーゴスラビア語の通訳をしてくれたのである。

一番の話題はこうだった。「僕たちは小学校の授業で、広島と長崎に原子爆弾が落ちて、多くの日本人が死んだことを学んだ。アメリカはひどいことをしたのだ。私たちも、ナチスドイツが攻め込んできたときに国民がこぞって抵抗し、特にパルチザンを組織して頑張ったんだ。でも多くの国民が殺されたのでドイツを憎んでいるし、特別の感情を持っているんだ。日本もアメリカからひどいことをされたんだから、アメリカをさぞかし憎んでいるんだろう?」ととにかく、私にも「アメリカ憎し」と言ってほしいようだった。

それに対して私の考えを話し、また質問も返ってきた。それが延々4時間も続いて話が途切

列車内でしゃべり続けたユーゴスラビア人

れることはなかった。ベオグラードに着いた時には疲れも感じたけれど、何か新しい世界を見たようにも思った。その時のことで今なお印象に残っているのは、次の2点だった。

第1点は、ユーゴスラビア人が、小学校の教育で、遠い日本について深く学んでいることにとても驚いたこと。ひょっとしたら、世界的に見ても世界の人達は日本について多くのことを学び、知っているのかもしれない。それに対して私たちはユーゴスラビアやヨーロッパの国々についてどれだけ知っているのだろうか。大学の受験勉強を一生懸命してきた割には、知らないことが意外に多いのではないかと。

第2点は、初めて会った日本人に、自分の思いや考えをぶつけて議論までも仕掛けてくる、勇気とたくましさである。我々日本人であったらそのような事はまずしないであろう。せいぜい、「どこに行ってきたか」とか、「食べ物では何がおいしかったか」とかの、当たりさわりにのない会話に終始するのではないだろうか。

第五節　ヨーロッパの男と女

ヘルシンキ大学では個室を準備してもらい、滞在中はずっとそこで過ごした。散歩に出かけたついでに買い物をしたり、港で開かれるマーケットをのぞいたり、時にはコンサートにも出かけた。出来るだけ街の表情や人の行動様式を知りたいと思ったからである。

そのためによく見知らぬ人とも話した。フィンランド人は小学校で英会話を学んでいるので、たいていの人は英語が話せるし、しかもネイティブではなく聞き取りやすいので、話しかけやすい。

大学の建物内を毎日清掃している30歳くらいの女性がいた。少し肌の色が褐色で白人ではなさそうだった。尋ねてみるとフィリピン人だった。毎朝彼女に出会うとニコッと笑って挨拶をしてくれたので、やがて簡単な会話をもするようになった。ある時、こんな質問をしてきた。「日本人の離婚率はどれくらい?」と。

今から30年ほど前のことだったので、「そうだな10パーセントぐらいかな」と答えたら、「なぜそんなに低いのか」とさらに突っ込んで聞いてきた。とっさにその質問には答えられなかったが、それをきっかけにしてお互いのプライバシーに関わることまで話をするようになった。

彼女は今大学の清掃係をして働いていること、生まれはフィリピンだけれどフィンランド人と結婚していることも話してくれた。そしてある日、同じ大学の清掃員として働いているご主人を紹介してくれた。年齢は50歳代でとても真面目そうなご主人だった。

結婚したいきさつも話してくれた。彼女はもともとフィリピンの貧しい家庭に生まれて、フィンランドに出稼ぎに来ていた。フィンランドは生活レベルが高くて、こんな国に住めればいいなと常々思っていたが、長期にわたってフィンランドで働くことも、またフィンランドの国籍をとることも法律上難しかった。ただ、フィンランド人と結婚するとフィンランドの国籍が取得でき、永住することが可能となることは知っていた。

一方、ご主人の方は離婚後パートナーを探していたけれども、相手が中々見つからなかった。ある時彼女と出会い付き合うようになったが、やがて彼女との結婚を考えるようになった。結婚はお互いにとって大きな幸せにつながるからである。

こうしてめでたく結婚に至ったのであるが、フィンランドでは日常茶飯事に結婚と離婚とが繰り返されているので、離婚しないようにと心配りをしているという。フィンランドの離婚率は80パーセントを超える、だからそんなことにならないよう、ご主人をとても大切にしているという。だから、日本の離婚率を聞いたのだという。

ご主人が言うには、「いま彼女ととても幸せに暮らしている、でも、彼女の機嫌を損なって離婚となったら大変なので、とても彼女を大切にしている」と。

お互いが離婚に至らないようにお互いを気遣っている、とても幸せな夫婦だと感じた。

私をヘルシンキ大学の研究員として受け入れてくれたのはR教授で、もう60の半ばを超える年齢であった。ヘルシンキに到着してから数日後に、自宅で歓迎パーティーを開いてくれた。私以外に、教授が2人と助教授1人の計4人が夕食に招かれた。

初めての経験なので、周りの人に「手土産は持っていくのか」と尋ねたら、「そうだね、小さい花束でどうかな」と言ってくれたので花束を買い、ネクタイをして少し緊張しながら教授の家に着いた。すると出迎えてくれたのは年恰好が30歳くらいの美人で、彼女に花束をわたした。教授の年齢からするとお嬢さんであろうと思われた。

おいしい食事と楽しいだんらんが2時間余り続いた。食事はおいしかったが、どんなごちそうであったかは全く覚えていない。それだけ緊張していたのだと思う。

後日、歓迎会に出席した助教授ととりとめのない話をしていた時、たまたまR教授の奥さんの話になったので、不思議に思って「奥さんって誰のことを言ってるの？」と聞いてみた。そうすると、なんと教授のお嬢さんだと思っていた人は教授の奥さんだったのである。「年齢差が大きいよね」というと、なんと教授は結婚と離婚を何度かくり返してきたのだという。今の奥さんは何人目なのかはその助教授も知らなかった。

またある晩、ヘルシンキ市内で夕食を済ませてスナックに入った。すると、座ったカウンターの隣に50歳くらいの風采の上がらない男が1人で酒を飲んでいた。その男ととりとめのない話をしていると「よかったら、わしの家に寄ってみないか」と誘ってきた。風采は上がらないけれども悪いことをするような感じはしなかったので、彼の家に立ち寄ってみた。小さなアパートに1人で住んでいるようだった。何故なら、ベッドの上には下着類やセーターがあちこちに散らばっていて、全く整頓が行われていなかったからである。離婚をして今は1人暮らしだという。

きっと1人住まいに耐えられなくて、毎日酒を飲み歩いているのであろう。

こんなこともあった。先述したように、ヘルシンキに滞在中、林産企業の聞き取り調査をした。その際には、林産業協会の部長に付き添ってもらった。毎朝彼の車に乗せてもらい、目的の企業を訪れて聞き取り調査を行い、調査が済んで夕刻になると車で私のアパートまで送ってくれる。そんなことが1週間続いた。

ある日、午後3時ごろだったと思う。

「ミスター岩井、お願いがあるんだけれど、今日は妻を会社まで迎えに行かなければならない日なので、調査を少し早く切り上げてもらえないだろうか」と言うのである。

夫婦共稼ぎで子供もいるのだそうである。事情を理解したのでその日は早く切り上げた。

フィンランド人は概して性格が大人しくて、シャイな民族である。ワイワイ騒いだり大声で話すこともしない。どちらかと言うと日本人に似ている。ある人から、日本人も物静かでシャイなところがあるので、フィンランド人は日本人が好きなのだと聞いたことがある。

確かにそうかもしれないと思ったが、部長は特にその日は普段よりも神妙で、時々時計を見ながら少しソワソワしているようにも感じられた。今にして思えば、奥さんの会社には時間きっかりに迎えに行かないと怒られるからだったのであろう。

日本人だったら、「そんなのほっとけよ、迎えに行かなくっても1人で帰ってくるさ」で済ませてしまうかもしれないが、フィンランドでは事情がまったく違う。そんなことをしたら即座に離婚になるかもしれないのだ。


では、なぜフィンランドではそんなに女性が強くなれるのだろうか。

それにはいくつか理由がある。1つは夫婦共稼ぎが一般的で、女性も男性に劣らないくらいの収入があり、離婚しても十分に生活できること。2つは、社会保障制度が充実していて、離婚して女性が子供を引き取っても、子供の教育費や医療費などの費用はすべて国が面倒を見てくれるので、離婚のハードルはとても低いのである。

こうしたフィンランドの夫婦を見ていると、日本の男性は「やっぱり日本の方がいいよな」と言うだろうし、女性の方は「フィンランドの方がいいわね」と言うだろう。今のところは、男性にとっては日本の方が居心地がいいけれども、将来は大きく変わっていくのだろう。


もう1つ、フィンランドではないがオーストリアでの男女の例を見てみよう。

前にも述べたように、かつて海外に関する科学研究費の助成を受けて、ウィーン農科大学の教授に共同研究者をお願いした。現地の調査研究に際しては大変なお世話になったので、最後に日本に招聘して日本の現状を見てもらうことになり、あちこちの山村を案内した。旅費については、本人分しか出ないが、「よろしければ奥様もご一緒にお越しになったらいかがでしょう」とお誘いした。すると次のような返事があった。「家内は病弱なもので連れて行けないけれど、パートナーを連れて行きたいと思う」と。

私たちはその前年に、オーストリアで現地調査をしたが、休日には教授の知人である弁護士の女性が車で観光地を案内してくれた。その時は、教授と女性は仕事上の知り合いであろうと推測していたが、その女性を日本に連れて行くというのである。

私は「パートナー」の意味が分からなかったので、多少躊躇はしたが、「わかりました、それではお待ちしています」と答えた。そして2人は、あたかも夫婦のように日本訪問を楽しんだのである。

外国の事情に詳しい友人にも聞いてみたが、彼も「パートナー」の意味についてはよくわからないようであった。

でも、ヨーロッパには、妻帯者である男性がパートナーと一緒に旅することを正々堂々と公言する、そんな世界があることに驚いたのである。

第六節　ニューヨークで同時多発テロに遭う

2001年9月11日、その日は朝からいい天気で絶好の行楽日和であった。前日ニューヨークに到着して、その日1日はニューヨークの町中を歩いて存分に楽しむ予定だった。

ただ、私はニューヨークに観光に来たわけではなかった。アメリカやカナダの森林を研究しているうちに、ニューヨークの図書館に貴重な資料があることを知り、2～3日かけてその資料を見てみたいとかねがね思っていた。ちょうど9月の中頃が比較的時間がとれるようだったので、ニューヨーク行きを計画した。

その数年前より、家内は体調を崩し療養をしていたが、ちょうどそのころから体調が回復し元気になり始めていた。彼女にとっては、ニューヨークは憧れの地であったが、今まで一度も行ったことはなかったのでこの機会を利用して連れて行くことを決めた。ただし、長旅に少しの不安があったので、三女を介添えとして連れて行くことにした。

ニューヨークに森林の資料を探しに行くという外国旅行の場合、旅費は大学から出るかというとそのような生易しいものではない。京都大学からはそのような費用は一切出ない。

例えば文科省の科学研究費助成を受けていて、資料収集としてアメリカへの渡航が申請されていれば文科省から費用が出る。その他の公的な機関であるであるとか、民間の財団などからの研究助成金が認められている場合もそこから旅費が支出できる。

以上のような研究助成のない場合は、自費でしか行けない。

従って当時、私は何らの研究助成も受けていなかったので、自費で行くしかない。

また、大学の教員が外国旅行をする場合、目的が調査・研究にかかわる旅行であれば、出張扱いされて公務での旅行という事になるが、今回のニューヨーク行は資料探しの公務も2～3日はあるものの、それよりも家族のための観光旅行が5日間ぐらいあるので、公務での旅行とは認められないのである。

従って、今回の旅行は休暇を申請し、個人の自費旅行として日本を出発したのである。

私自身かつて北米についての調査研究をした際は、ニューヨーク経由でカナダのオタワに行ったことはあるが、ニューヨークの町に滞在するのは初めてであった。

もともと地理大好き人間であったので、エンパイアステートビルが世界一高い建物であることも知っていて、一度その建物に上ってみたいものだと、かねてから思っていた。

ところが、確かに建物自体はエンパイアステートビルが高いのであるが、人が上れる高さとしては貿易センタービルの方が35メートル高いという事を全く知らなかった。

エンパイアステートビルに上るべく、その日の朝8時ごろセントラルパーク近くから南行の地下鉄に乗った。列車は貿易センタービル方面行きであるが、エンパイアステートビルは数駅手前にあるので、10数分の乗車時間である。ところが出発して2分ほどたつと、次のようなアナウンスが流れた。「この先で事件が発生し、通行不能となったので、この駅で下車してください」と。その事件の内容については一切知らされなかった。

仕方なく下車したが、反対方向への列車も不通となっている。階段を上がって地上に出て、とにかく一度ホテルに引き返すべく北に向かって歩き出した。歩いていると、南の方に向かってパトカー・消防車・救急車・レスキュー車が猛スピードで次々と走っていく。完全に信号無視で、交差点では徐行もしない。日本と違って、緊急車両は絶対的な優先権を持って走っていて一般車両と衝突しても、緊急車両の責任は全く問われないのである。

それでも何が起こっているのかはわからなかった。さらに5分ほど歩くと、巨大なテレビスクリーンがビルの外壁に設置してあってテレビ中継の画面が映っていた。何やらビルの火災が映し出されて大変な惨事が起こっているようだった。これは大変な事件が起こっていると思い、急いで泊っているホテルへ戻って部屋のテレビをつけてみた。

詳細なことはわからないけれども、大きなビルに飛行機が衝突して大変な惨事になっているようで、マンハッタンの貿易センタービルらしかった。

それからテレビにくぎ付けになった。貿易センタービルだけでなくペンタゴンなど他の大きな建物にも同じような惨事が起きているらしかった。どうやらテロが発生したらしかった。

こうなると、ニューヨークの観光どころではない。

私たちは、ニューヨークのセントラルパークの近くにある高層ホテルに滞在していたので、もしかしたら、このホテルもテロの対象になるかもしれないと、急に不安になった。ホテルは大丈夫であっても、交通が遮断されると食料も供給されなくなるのではないか、水道も止まってしまうかもしれないと、さらに不安になってきた。

それならばと、家内と娘にコンビニでパンと飲み物を数日分買ってくるよう言いつけた。言いつけ通り彼女らは食料を買ってきたが、それが済むと次のように言った。「お父さん、土産物の店がいくつか空いていたので、ちょっと行ってお土産を買いに行ってくる」と。

それを聞いて私は度肝を抜かれた。命の危険さえあるかもしれないと、テレビを必死になって見ているのに、なんと「お土産を買いに行く」ときたからである。

その瞬間、はっと思い当たった。「女性がイザという時に、肝っ玉が据わるとはこの事なんだ」と。

同時に、女性が男性よりも長生きする謎も瞬時に解けたのである。

時間とともに事件の詳細が次第に明らかになってきた。どうやら航空機を使ったテロリズムであるという。テレビはテロの新しい情報を24時間流していた。ニューヨークの国際空港であるケネディー国際空港をはじめ、国内線が発着するラガーディア空港も全面閉鎖になっていたし、国際電話も通じなくなっていた。

その後、数日間ニューヨークにとじ込められたが、ようやくニューヨークを出発する飛行機が運行され始めた。私たちは、ダラス経由関西空港までの航空券を持っていたが、通常よりも余裕をもって空港に行く必要があると考え、出発5時間前に空港に到着した。

空港にはシェパードを連れた警察官があちこちにいる。チェックインカウンターに行く前にスーツケースと手荷物の中身、とりわけ拳銃や刃物の徹底的な検査が行われた。テロに対する異常なほどの厳戒態勢が敷かれているのであった。それが済んでチェックインカウンターに向かおうとして、またまた度肝を抜かれた。なんとなんと、人の行列が1キロ以上も続いていて、なかなか前には進まない。これは大変だ、出発時刻の5時間前に来たけれどもひょっとしたら間に合わないかもしれない。

2時間たっても3時間たっても、まだ半分程度しか進まない。この便に乗れなければ、いつ日本に帰れるかわからないと焦りはますます募ってくる。私の前にいる台湾人に声をかけると、彼も同じくイライラを募らせていた。

出発3分前になってようやく自分の順番が回ってきた、今ならまだ間に合うかもしれないと思い、搭乗口に駆け込んだ。乗り込んで30秒ほどして搭乗機のドアーが占められた。

ところが驚いたことに離陸してまもなく、隣に座っているアメリカ人と思われる老婦人が、自分の手荷物から大きなナイフを取り出してリンゴの皮をむき始めたのである。あれほどの厳戒態勢が敷かれていたにもかかわらず、何故この夫人はナイフを持っているのだろうか。どのように考えてみてもその謎は解けなかった。

帰国して聞いてみると、日本で留守を守ってくれていた他の娘たちは、私たちもきっとテロに巻き込まれたに違いないと思って、泣いていたという。何故なら、娘たちには、私はニューヨークで一番高いビルに上りたいと言っていたからである。

結局この旅行では、資料収集の当初の目的は全く達成できなかったが、その代わり私は誠に大きな教訓を得た。

「いざと言うときに、いかに女性が強くて男性が弱いかが、よくわかった。だからこれからの人生では、危機的状況になったら女性に任せるに限る、きっと何とかしてくれるに違いない」と。

ところで、「消防車などの緊急車両が交差点で絶対優先で突っ走っていた」ことについて、ニューヨークのホテル従業員と話していたら、さらに次のようなことも話してくれた。

アメリカ社会においては公共最優先の原則があり、その1つが緊急車両優先であり、もう1つが、公共事業における土地買収の優先である。例えばダム建設や空港・道路建設のために土地や森林を買収する際、買収価格については法的に決められた価格があるので、土地所有者の言い分は一切考慮されることなく一挙に買収されるのだそうである。

かつて、我が国では成田空港の建設にあたって長い間土地買収を巡る闘争が繰り広げられたし、ダム建設や道路建設においても土地補償費でもめることが珍しくないけれど、民主主義の原則からして、果たしてどちらの国の方が適切な在り方なのか、考えさせられる問題である。

第七節　ヨーロッパ人の価値観

ローマで1泊した時、そこで泊まったホテルがすごかった。近代的であるとか、超豪華なホテルだったわけではない。ホテルとしては中級であったが、その改装の経緯がすごかった。かつて、京都市の建築関係の委員会で、京都の景観にフィットする建物を表彰する委員をしていたが、その頃を思い出させるホテルだった。

外観は古い石造りの建物だが内部は快適なホテルに改装してあった。ホテルの支配人に「古い建物をどのように改装したのか」と尋ねると、その支配人は「ローマでは古い建物を壊すことは法律で禁止されていましてね。だからこうした古い建物を近代的なホテルに改装するのは大変なんですよ。実は、外観は全く変えずに内部をホテルに改装するまで10年かかったのですよ」と、とんでもない話をしてくれた。日本ではそんなことはあり得ないことである。そんなに時間をかけていたら、ホテル事業は利益を生まないどころか赤字となってしまうであろう。古い都である京都においてさえも、そんな話は聞いたことがない。

さすが古代ローマの都である。ローマ市当局は、このように古い建物を大切に保存して、文化と景観を守っているのだ。

同じような話は旧チェコスロバキアのプラハを訪れた時に聞いた。

大きな通りを通っていると、改築中と思われる古いビルがあった。改築であれば古いビルを全面的に壊して建て替えるのが普通であるのに、古いビルの四方の外壁だけが残してある。何故壁を残しているのかと尋ねたら、「私たちの町では、古い建物は大切に維持していこうとしています。でも古いまま維持するのではなくて、外側の古い壁だけはそのまま残して、内部は近代的にするなど自由にしてよいという事になっているのです。このようにして、市民の生活と都市の景観を守っているのです。」と返事が返ってきた。

ローマの改修ホテル

ところ変わって、スウェーデンのストックホルムの町中の話である。

旧市街エリアにガムラスタン地区がある。中世を思わせる古い町並みで、3階建てぐらいのアパートのような建物がびっしりと並んでいて、その間を細い路地が通っている。建物の外観は古い土壁で所々傷ついたりはがれていて、修理が必要なほどである。なんとも寂しいような情けないような雰囲気なので、「このエリアにはどのような人が住んでいるのか」と尋ねた。

建物の維持具合から見ると、比較的貧しい人たちが住んでいるのではと思ったのであるが、その答えはなんと「この地域には、医者・弁護士などの知識階級の人たちが中心に住んでいます。つまり、この地域の中世的な雰囲気がステイタスシンボルとして好まれているのです。だから家賃も地価もとても高いんですよ」と。


我が京都を思い返してみると、もっともっと見習わねければならないと思う例が数多くある。ご存知の方もあると思うが、京都のＪＲ二条駅はかつては寺院風の木造の建物であったが、数十年前に駅前開発とともに全く近代的な建物に代わってしまった。当時、そのような計画に反対した人たちがいたのかどうか知らないが、京都であれば当然その場所に残すべき建物であったと思う。

そのような例が今でもあちこちにあり、古い京町家も毎年減少している。


話題は変わって、少し職業観について触れてみよう。

まず、ドイツのハンブルグで聞いた話である。ドイツの若者に人気のある職業は、第1位が医者、第2位が弁護士である。それでは第3位はと問われてどのような職業が考えられるだろうか。日本であれば、ＩＴ関連などと言う答えが出てくるのであろうが、ドイツではなんと森林官だそうである。森林官とは、大学の林学科を卒業し国家試験をパスして、国有林だけでなく民間の私有林をも適正に管理する技術を持つ高度な技術者なのである。ドイツの森林官に相当する職種は日本には存在しない。

荒廃の進む、我が国の森林を守り、それによって国土や環境を健全に維持するために、高度な知識と技術を持つドイツ式の森林官が、我が国にも必要かもしれない。

ドイツの有名な森林地帯であるシュバルツバルトの山深くに、ヨーロッパの研究者たちと大型バスで入った時のことである。

森の中の林道を進んでいくと、急なカーブに差し掛かり、これ以上バスは進めないのではないかと思われた。しかし、バスは何度も切り返しを試みて、やっとのことで通り過ぎることができた。乗客の私たちもやれやれと思った瞬間、バスの乗客は一斉に拍手をし始めたのである。最初は、誰に対して拍手をしているのかわからなかった。すると、バスは急に停車した。運転手がすっくと立ちあがってこちらに向かって頭を下げ、右手を高く上げてガッツポーズをしたのである。するとますます乗客の拍手が激しくなった。

やっとわかった、バスの運転手に拍手をしているのである、それも、無理だと思われた急カーブを、何とかして通過できた、その運転手の運転技術をほめたたえる拍手なのであった。

日本ではありえない光景に、何とも言えない感激を覚えた。


今度は、フランスのドゴール国際空港に到着した時のことである。

飛行機が着陸するときは、まず後ろの車輪を滑走路に着地させ、しばらくして前輪を着地させる。その時、私達乗客は、少なからずショックを感じる。ところが、稀ではあるが、ほとんどショックらしいショックを感じることなく、スーッと着陸することがある。

ドゴール空港の着陸も、大変静かで気持ちの良い、文句のつけようのない着陸であった。すると乗客から一斉に拍手が起こった。素晴らしい着陸をした、パイロットに対する賞賛の拍手であった。


ドイツでは、小学校卒業の段階で、その子供の進路がほぼ決定される。つまり、大学に進学するコース、職人としての技術を身に着けるコースなどに分かれるのである。

我が国だと、可能ならば大学に進みたいとかなりの人達が必死になるであろう。ところがドイツでは、全く気にしないというとウソになるが、ほとんどそんなことを気にしない。何故なら、将来職人になっても、経済的には人並みの生活はできるし、社会は職人に対してはリスペクトを忘れないからである。何故なら、職人はその道に長けていて、他の人ではまねのできない高度な技術を持ち、それが社会を支える大きな力になっているからである。

以上のように、素晴らしい職人技が発揮されることに対して、ヨーロッパの人達は賞賛を惜しまないのである。バスの運転手しかり、飛行機のパイロットしかりである。なんともうらやましい、私達も大いにマネをすべき行動だと思う。

私たち大学の研究者も、特殊な研究技術を持つのであるから、ノーベル賞や文化勲章受章者だけでなく、いい論文を書いて社会に還元できれば、もっと国民から賞賛されてもいいと思う。

そのためには、やはり国民に研究内容について知ってもらうべく、研究成果を盛り込んだいい書籍を出版して読んでもらわなければならないだろう。

終わりに　研究の社会的価値と研究者の在り方

さて、私が大学院時代から、40年以上にわたって行ってきた森林経済分野ないしは林業経済分野の研究の社会的な価値はどこにあるであろうか。

森林経済分野での研究の価値とは、より具体的に言うと「森林が持つ環境機能や国土保全機能など多くの機能を十分に発揮させつつ、木材をはじめとする森林資源を社会的に利用して行くための、最適な方法を提示していくこと」にあると思う。

それでは、ある企業がある研究者の研究結果を用いて、森林が持つ各種機能を保持しつつ最適の森林生産を行って経営がうまく行ったとしたら、それで社会的な価値があったといえるのであろうか。この場合、社会的な価値と言うからには、少数ではなくて多くの企業が関わって初めて価値があると言えるだろう。

もう少しより社会的な観点から考えてみよう。研究者の研究結果が、中央や地方の政策当局の林業政策や森林政策に取り入れられ、社会的に大いに評価すべき結果となればそれは紛れもなく社会に還元されて、社会的な価値があったと言えるであろう。

少し視点は異なるが、次のようなことも考えられる。

研究成果が国民に対して正しい情報を提供することで、国民の行動に良き影響を与える場合がある。

例えば、国民が政策当局の誤った森林政策に対して正しい意見を述べたり、市民が森林ボランティアに積極的に参加するきっかけになったり、さらに自分で森林を所有して健全で美しい森を育てるきっかけになった、などである。

そのためにも、研究者は論理的でかつ一般国民でも理解しやすい形で、例えば書籍のような形で情報を提供しなければならない。

そうすることで研究成果がより広く社会に還元されて社会的価値を持つようになるであろう。


ただしかし、次のような問題がある。

自然科学分野であれば、同じ条件下で同一の実験を繰り返すと同じ結果を得ることができる。

しかしながら社会科学の分野では、人間社会での現象を対象としており、それは人間の意思によっても左右される、いわば気まぐれな1回限りの歴史的現象であって再現性はない。

従って、自然科学の分野であれば、実験結果を自然法則として人間社会に利用することができるが、再現性のない社会科学の場合だと、研究結果を社会に適用しても予測通りの結果が得られるとは限らないだろう。

例えば、先の第二章の論文作成のところでも見たように、B地域の製材業発展の仕組みが解明できたとしても、それは平成の段階での話であって、令和の段階で同じ理論を適用しても、同じように発展するとは限らない。

実際にあったひとつのエピソードを紹介しておこう。

ある著名な数学者が、その能力を買われて証券会社の総合研究所の所長に就任した。数学の最先端の手法を用いて、株式相場の変動を予測できれば株式売買で確実に儲けが期待できる。それを証券会社の顧客にアドバイスできれば、証券会社も顧客もウィンウィンの関係が実現できるとにらんだのである。ところが、数学者の予測はことごとく外れ、この目論見は失敗に帰したのである。

株式相場という人間の意思によって大きく左右される経済現象については、いかに数学の最先端の手法を用いても正確な予測はできないのである。

つまり、経済現象をはじめとする社会現象の将来予測はとても難しいのである。

しかし、研究の成果は例えすぐに適用されなくとも、新しい知見として蓄積されていくのであり、その蓄積は将来の研究に役立つであろうし、さらにある段階で社会的に利用される可能性もある。例えば、ある社会的な問題が生じた時に、それを過去の歴史に照らした上で、問題を解決するための知恵や方策を提供することができるのである。それを利用するかどうかは政策担当者が判断するのであるが、その際、時間的なズレが必ず存在することを十分に考慮しなければならない。

いわば、研究成果は人間社会にとっての財産と考えればよい。その意味で、必ず社会的な価値を持つのである。

研究は社会に役立つ知恵を提供するのであるから、決して恣意的になることなく、客観的でかつ論理的な研究でなければならない。言い換えると、研究者はそれだけ自分の研究結果に社会的な責任を負わねばならない。

最後に付け加えておきたいのは、研究を進めるうえでのモチベーションについてである。研究は、共同で行ったり、相互に議論を戦わせながら進めていくことも多いが、新たな創造は自分一人で作り出していかねばならない。研究を動かしていくのは所詮自分自身なのである。そして、研究者を動かす原動力となるのは、1つは社会現象に対する好奇心であり、もう1

つは新しい知見創造への情熱である。このような好奇心と情熱を併せ持つことで喜びが生まれ、さらなる探求心が生まれて、次の研究へとつながっていく。

その意味で「好きこそものの上手なれ」は、画家や工芸家はもちろん、研究者にも大学教授にも当てはまることわざであろう。

そして近年のように、森林は経済的な分野だけでなく、環境や文化、それに災害といった側面でもいろいろと問題にされるようになると、研究者としては狭い分野にとどまることなく、より広い視点からのアプローチがますます必要とされるであろう。

あとがき

私は63歳の定年になるまで大学に勤めて、教育と研究に携わってきた。

小さい頃は、バスの運転手にあこがれたこともあったが、高校生に至るまで、特定の職業に就きたいと思ったことはない。自分の家が代々林業を営んできたので、それを引き継ぐのが当たり前だと思っていたからだと思う。

自宅から大学に通勤すると同時に林業を兼業することとなったが、それは、単に職業を2つ持つというだけでなく、一方では都会的な生活をするとともに、他方では山村で田舎の生活をするという、2重生活を始めることにもなったのである。

私の村は、家の戸数が１００軒余りの小さな村であったが、家の跡取りである長男が、村外に勤務するというのは初めてのことであり、大変珍しいことであった。

結婚して子供が生まれて小学校に入ると、ＰＴＡにもかかわらなければならなくなった。田舎のＰＴＡは、ほとんどのメンバーが林業関係の自営業なので、各種行事や役員会などは平日に行われることが多い。「私は大学に勤めているので、平日には参加できないので、とても役員になることはできない」と言うと、ある先輩のメンバーは次のように言った。「役員になることができないのなら、この村から出て行け」と。

またある村の組織において、役割分担をしなければならないことになったが、「私は毎日勤めているので、とてもそのような役割は果たせない」と言うと、「大学から給料をもらって、税金泥棒をしている上に、村の仕事もできないのか」といわれた。

当時の村には、私のような通勤者は誰もいなかったので、反論しても到底理解してもらえないと思ったので、何の言い訳もしなかったけれど、大変悔しい思いをしたことは、今でも鮮明に覚えている。

でも私はその後も村に住んで自宅から大学に勤め続けた。

それは、いろいろ嫌なことがあっても、それを相殺して余りある良さが、村にはいっぱいあったからである。その良さとは何かについて話をすると、1冊の本が出来そうなぐらいのものがあるので、ここではとても述べることができない。

現代においては、私の村でもさすがにそのような嫌な事を言う人はいなくなったので、状況は当時よりずっとよくなっている、つまり、とても住み心地がいい村になっている。

私の村だけではなく、全国の過疎になりつつある村も似たような状況になっていると思う。

以上のような村での生活も含めて、私の研究人生の満足度は80パーセント以上であった。そして私の研究を支えて実現してくれたのは、恩師である先生方、諸先輩、後輩の方々、それに聞き取り調査などに協力していただいた数えきれないほどの多くの方々である。

本書の出版にあたっては、いろいろな方からお力添えがあった。

元京都府林務課に勤務されていた岩田義史氏には、時間をかけて通読してもらい、多面的なコメントをいただいた。

京都大学職員としてお勤めの原田忍草さんには、お忙しい中にもかかわらず詳細に読んでいただき、一般市民としての立場から、貴重なご意見と幾度にもわたる校正をしてをいただいた。

京都市北部山間かがやき隊の奥田貴弘君には通読していただいて、20代の若者の立場からの感想を述べてもらった。

また、京都大垣書店の出版部長である平野篤氏と出版部の西野薫子さんには、丁寧に読んでいただき、とりわけ一般読者の視点からの多くの貴重なアドバイスをいただいた。

以上、実に多くの方々のお陰で、何とか本書の出版が実現した。

この場をお借りして心より厚く御礼を申し上げたい。
最後に、私の研究人生を日常的に支えてくれた、亡き妻まゆ美と4人の娘たちに対しても「ありがとう」と言いたい。

令和4年12月1日　岩井　吉彌

岩井　吉彌（いわい　よしや）

著者略歴

昭和 20 年　京都府葛野郡中川村生まれ
昭和 33 年　中川小学校卒業
昭和 39 年　洛星高等学校卒業
昭和 43 年　京都大学林学科卒業
平成 5 年　京都大学林学科教授
平成 21 年　京都大学定年退官

単著　「京都北山の磨丸太林業」都市文化社　1986 年
「日本の住宅建築と北アメリカの林産業」日本林業調査会　1990 年
「ヨーロッパの森林と林産業」日本林業調査会　1992 年
「竹の経済史」思文閣　2008 年
「山村に住む、ある森林学者が考えたこと」大垣書店　2021 年

編著　「新・木材消費論」日本林業調査会
「Forestry and the Forest Industry in Japan」UBC Press in CANADA

共著　「徳島県林業史」徳島県
「日本の林業問題」ミネルヴァ書房
「国際化時代の森林資源問題」日本林業調査会
「林産経済学」文永堂
その他

研究分野　国内林業／製材加工と流通／外材輸入／林業の産地形成／パルプ産業
内装産業／林業税制／林業史／竹産業／地域振興／グリーンツーリズム
林業と観光／外国林業（北アメリカ・北欧・シベリア・ヨーロッパ・
ニュージーランド・熱帯・中国）

カバーイラスト　濵岸夏苗

京大教授の研究人生 ―ある森林経済学者の回想―

2023 年 3 月 1 日　初版発行

著 者　岩井　吉彌

発 行　株式会社大垣書店
〒 603-8148 京都市北区小山西花池町 1-1

印 刷　亜細亜印刷株式会社

Printed in Japan　ISBN 9784903954608